눈으로 보는 **수학**

Ⅲ

Proofs Without Words

Further Exercises in Visual Thinking

눈으로 보는 **수학**

III

로저 넬센 지음 | **권창욱** 옮김

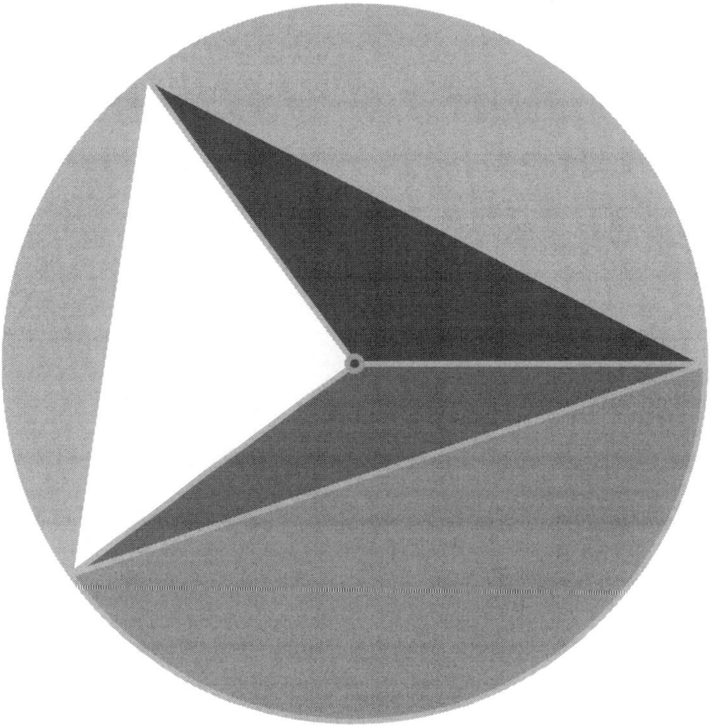

청문각

눈으로 보는 수학Ⅲ

1판 1쇄 펴냄 | 2022년 7월 1일

지은이 로저 넬센
옮긴이 권창욱
펴낸이 김한준

펴낸곳 청문각
출판등록 2007년 3월 18일 (제2007-000071호)
공급처 엘컴퍼니
주소 서울시 강남구 학동로 23길 58 (우) 06041
전화 (02)549-2376
팩스 (0504)496-8133
이메일 hansbook@gmail.com

ISBN 978-11-85408-35-4
978-11-85408-30-9 (세트)

청문각은 엘컴퍼니의 과학기술도서 출판브랜드입니다.

머리말

어떤 정리가 옳은 것인지 한눈에 알아볼 수 있는 아주 단순하면서도 아름다운 그림은 그 정리의 무미건조한 증명을 보완할 수 있다.

– 마틴 가드너

《눈으로 보는 수학Ⅰ》(1993)을 출판한 지 1년쯤 뒤에 윌리엄 던햄은 독자를 즐겁게 하는 그의 책《수학의 세계, 위대한 증명과 문제, 사람들을 통해 떠나는 알파벳순 여행*The Mathematical Universe an Alphabetical Journey through the Great Proofs, Problems, and Personalities*》(1994)에서 다음과 같이 말했습니다.

"수학자들은 독창적인 증명에 감탄한다. 독창적이면서도 경제적인 주장, 즉 핵심을 꿰뚫어 목표에 곧바로 도달하는 짧고 군더더기 없는 주장에는 더욱더 감탄한다. 이러한 증명을 우아하다 일컫는다.

수학적 우아함이란 다른 창조적인 분야의 우아함과 다르지 않다. 프랑스의 전경을 붓으로 솜씨 좋게 묘사한 모네의 작품이나, 쓰인 단어보다 더 많은 의미를 담고 있는 하이쿠(*일본의 정형시. 역자주)가 보여주는 예술적인 우아함과 아주 비슷하다. 우아함은 궁극적으로 미학적이지 수학적인 요소가 아니기 때문이다.

... 이런 궁극적인 우아함의 한 예로 수학자들이 '무언증명'이라 부르는 것을 들 수 있다. 이는 증명을 한번에 보여주는 기발한 그림들인데, 심지어 어떤 설명도 필요없다. 이보다 더 우아한 것을 찾기는 어렵다."

위에서 언급한 책을 출판한 뒤로 두 번째 모음집인 《눈으로 보는 수학Ⅱ》(2000)이 나왔고, 이 책은 무언증명(Proof Without Words, PWW)의 세 번째 모음집인 셈입니다. 앞의 두 권과 마찬가지로 이 책도 완전한 모음집이 아니라는 걸 언급하고 싶습니다. 2권 뒤로 나온 무언증명을 모두 담은 것도 아니며, 1, 2권을 만들 때 미처 담지 못했던 것을 다 넣은 것도 아닙니다. MAA(Mathematical Association of America) 학술지의 독자들이라면 잘 아시다시피 새로운 무언증명은 이전보다 자주 학술지에 등장하고 있으며 최근에는 인쇄물보다 더 나은 형태로, 인터넷 웹사이트에서 움직이거나 조

작 가능한 모습으로 등장하고 있습니다.

저는 이 책을 읽는 독자들이 수학적인 아이디어를 우아한 시각적 표현들로 새롭게 발견하거나 다시 찾는 기쁨을 누리게 되길 바랍니다. 무엇보다 교사들이 이런 것을 학생들과 함께 나누길 바랍니다. 그리고 누구든 새로운 무언증명을 만들고자 하는 도전과 격려를 받게 되길 바랍니다.

감사의 글. 무언증명을 투고해 주신 모든 분(인명 색인 참조)에게 존경과 감사의 말씀을 드립니다. 이들이 없었다면 이 책은 없었을 테니까요. 초고를 꼼꼼히 읽고 많은 조언을 해 주신 《교실 수업 자료 Classroom Resource Materials》 편집위원장 수잔 스테이플스Susan Staples 와 위원들에게도 감사를 드립니다. 이 책의 출판을 준비하면서 저를 격려해주고 자신들의 전문성을 살려 열심히 일해준 MAA 출판부의 캐럴 백스터Carol Baxter, 비벌리 루에디Beverly Ruedi, 서맨사 웹Samantha Webb에게도 감사를 전합니다.

로저 넬센
루이스 앤 클라크 대학
미국 오리건주 포틀랜드

참고

1. 이 책에 실린 모든 그림은 통일성을 위해 다시 그린 것입니다. 몇몇 제목을 조금 바꾸기도 했으며, 눈에 더 잘 띄게 하려고 음영이나 기호를 넣기도 했습니다. 이 과정에서 실수가 생겼다면 전적으로 제 책임입니다.
2. 같은 정리에 대한 증명이 여럿일 경우 로마 숫자를 이용해서 구분했으며 번호는 《눈으로 보는 수학Ⅱ》에 이어서 붙였습니다. 예를 들어, 피타고라스의 정리에 대한 무언증명이 1권에 6개, 2권에 6개가 있으므로 같은 정리에 관한 이 책의 첫 번째 무언증명은 ”피타고라스의 정리 XIII“이 됩니다.
3. 이 책의 증명 일부는 윌리엄 로웰 퍼트넘 수학경시대회나 카자흐스탄 전국 수학 올림피아드 같은 수학 경시대회의 '해답'이기도 합니다. 그렇지만, 예를 들어 퍼트넘 경시대회에는 "만점을 받기 위해서는 증명에 필요한 모든 과정을 명시해야 한다."라는 규정이 있으므로 이런 '해답'이 경시대회에서 높은 점수를 받을 수 있을 것 같지는 않습니다.

차 례

기하와 대수

Geometry & Algebra

피타고라스의 정리Ⅷ

– 호세. A. 고메즈(José A. Gomez)

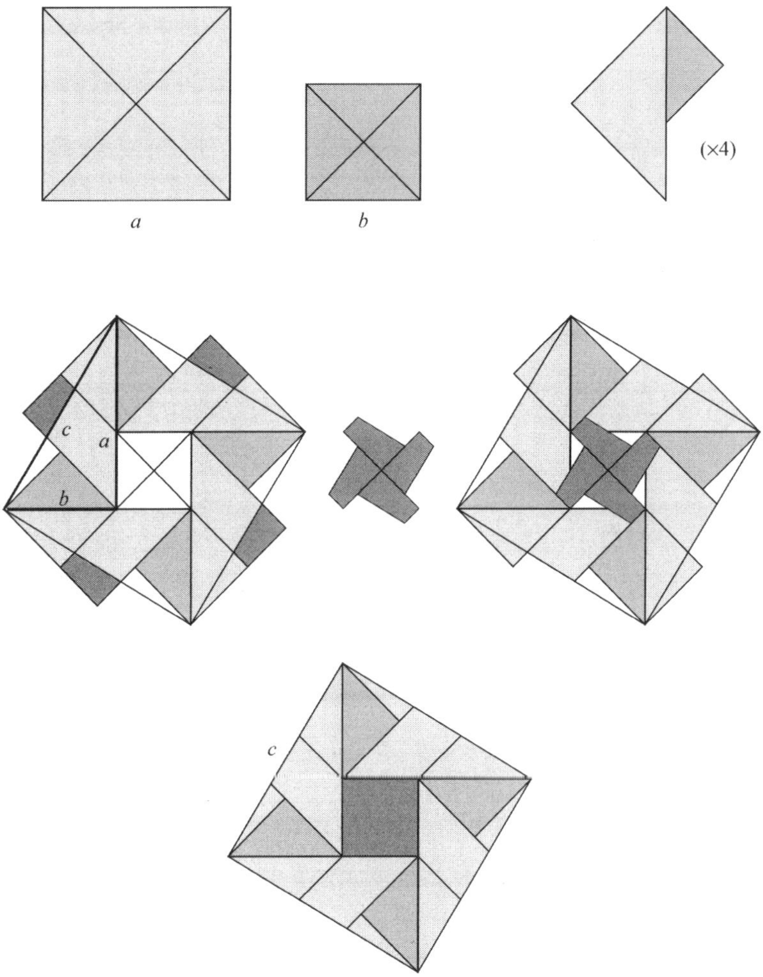

피타고라스의 정리 XIV

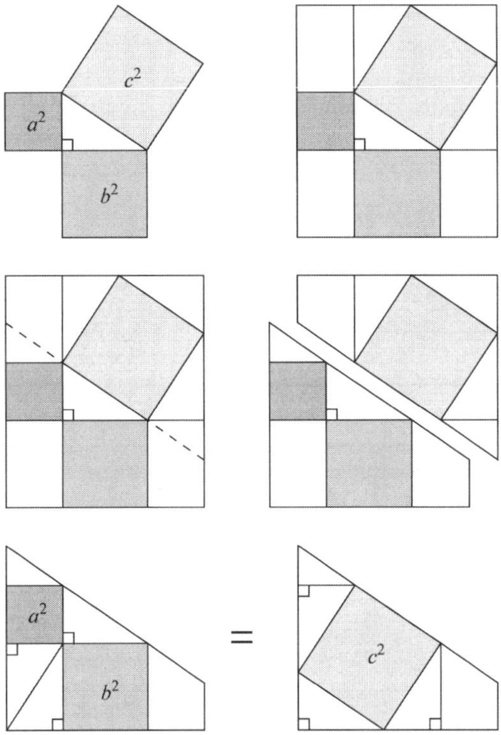

$$a^2+b^2=c^2$$

피타고라스의 정리 XV

– 허남규(Nam Gu Heo)

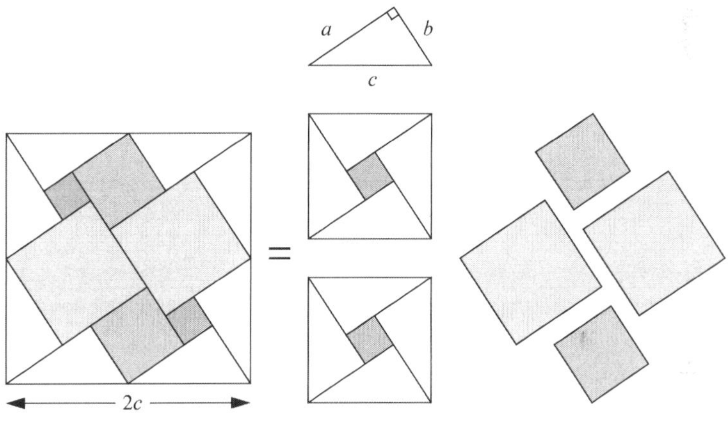

$$(2c)^2 = 2c^2 + 2a^2 + 2b^2$$

$$\therefore\ c^2 = a^2 + b^2$$

피타고라스의 정리 XVI

– 클라우디 알시나(Claudi Alsina)와 로저 넬센(Roger B. Nelsen)

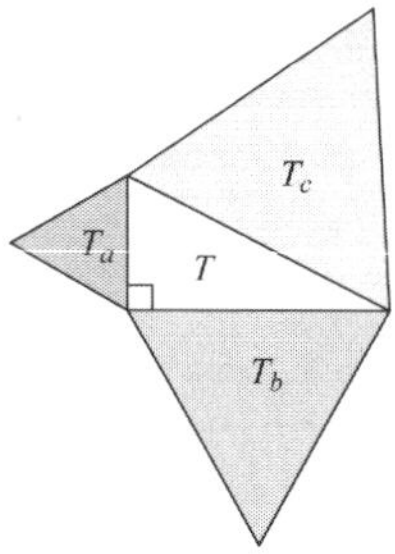

피타고라스의 정리[유클리드의 원론, 명제 1.47]는 보통 직각 삼각형의 세 변 위에 정사각형을 그려서 나타낸다. 그렇지만 원론의 명제 6.31에 따라 서로 닮은 세 개의 도형을 쓸 수도 있다. 예를 들자면 오른쪽 그림은 정삼각형을 이용해 피타고라스의 정리를 나타낸 것이다. 직각 삼각형의 넓이를 T라 하자. 그리고, 빗변이 아닌 두 변의 길이를 a, b, 빗변의 길이를 c라 하고, 각 변 위에 그린 정삼각형의 넓이를 T_a, T_b, T_c로 나타내자. 이때, 두 변의 길이가 a, b이고 두 내각이 30°, 150°인 평행사변형의 넓이를 P라 하면,

1. $T=P$

증명

2. $T_c=T_a+T_b$

증명

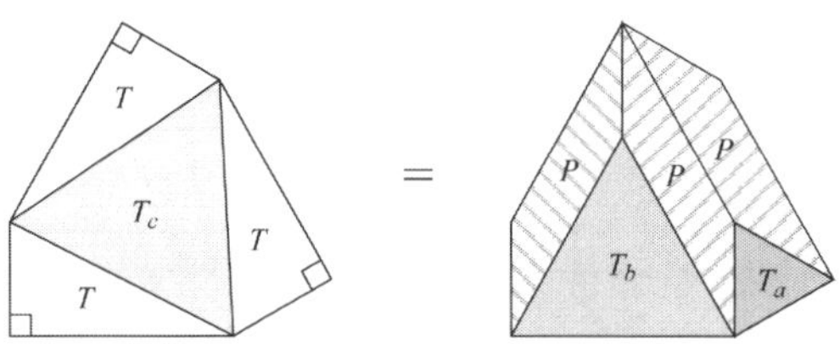

파푸스의 넓이 정리 (피타고라스의 정리 일반화)

– 알렉산드리아의 파푸스(Pappus of Alexandria, 320년경)

삼각형 ABC의 두 변 AB와 AC 위에 각각을 한 변으로 하는 임의의 평행사변형 $ABDE$와 $ACFG$를 그린다. DE와 FG의 연장선이 만나는 점을 H라 하고, 그림처럼 HA에 평행하며 HA와 같은 길이가 되도록 BL과 CM을 그린다.

그러면 $BCML$의 넓이$=ABDE$의 넓이$+ACFG$의 넓이가 된다. [*Mathematical collection*. 4권]

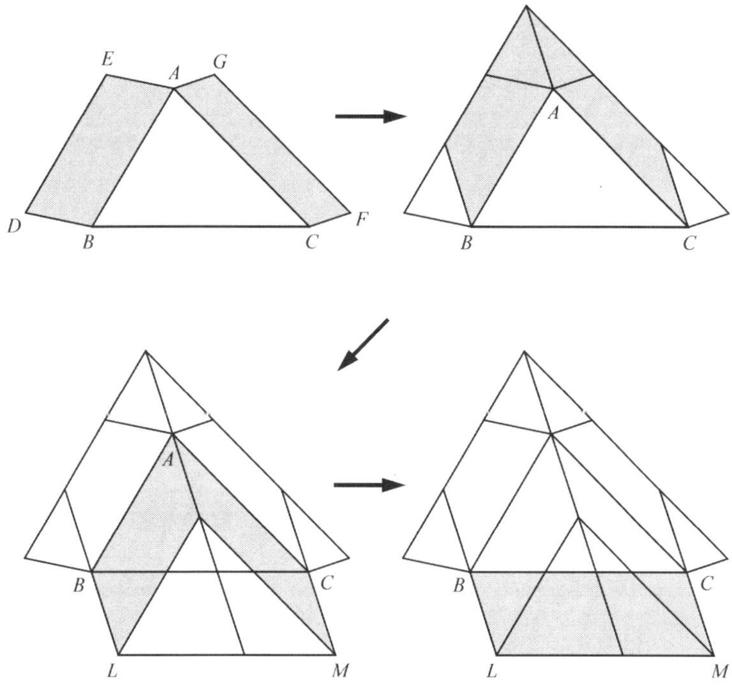

역수로 나타낸 피타고라스의 정리

– 로저 넬센(Roger B. Nelsen)

직각삼각형의 빗변이 아닌 두 변의 길이를 a,b, 빗변의 길이를 c, 빗변에 내린 수선의 발의 길이를 h라 하면

$$\frac{1}{a^2}+\frac{1}{b^2}=\frac{1}{c^2}.$$

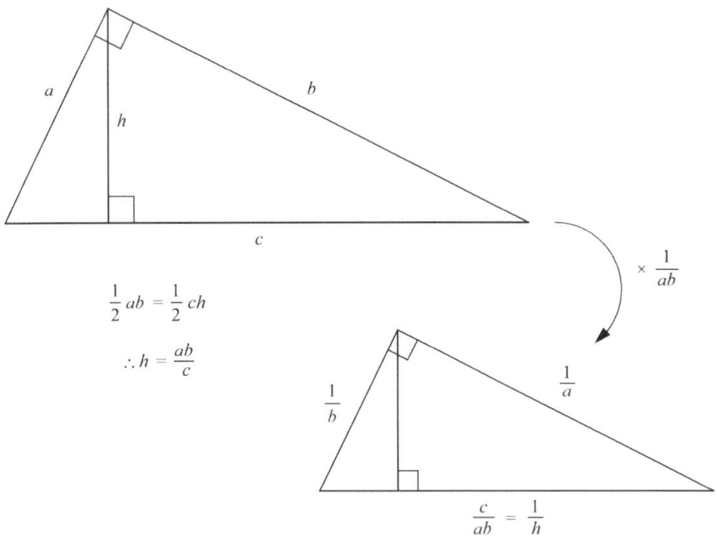

$$\therefore \left(\frac{1}{a}\right)^2+\left(\frac{1}{b}\right)^2=\left(\frac{1}{c}\right)^2.$$

참고 문헌

또 다른 증명으로는 빈센트 펠리니 Vincent Ferlini의 Mathematics without (many) words, *CollegeMathematics Journal* 33 (2002), p. 170가 있다.

피타고라스의 정리와 비슷한 정리

– 레리 호엔(Larry Hoehn)

오른쪽 그림과 같은 이등변 삼각형에 대해

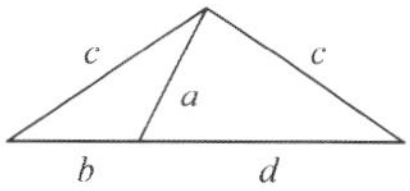

$$c^2 = a^2 + bd.$$

증명

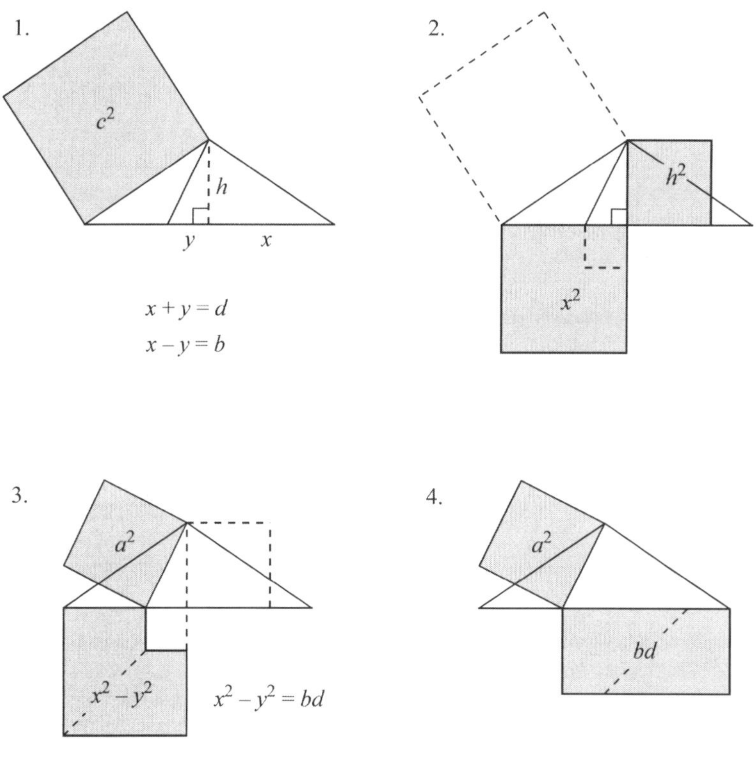

피타고라스의 정리와 비슷한 네 개의 정리

- Ⅰ. 마누엘 모란 카브르(Manuel Moran Cabre), Ⅱ. 로저 넬센(Roger B. Nelsen), Ⅲ～Ⅳ. 클라우디 알시나(Claudi Alsina)와 로저 넬센(Roger B. Nelsen)

세 내각이 α, β, γ인 삼각형의 넓이를 T라 하고, 각 내각의 대변 위에 그린 정삼각형의 넓이를 T_α, T_β, T_γ라 하자. 이때,

Ⅰ. $\alpha=\frac{\pi}{3}$이면, $T+T_\alpha=T_\beta+T_\gamma$

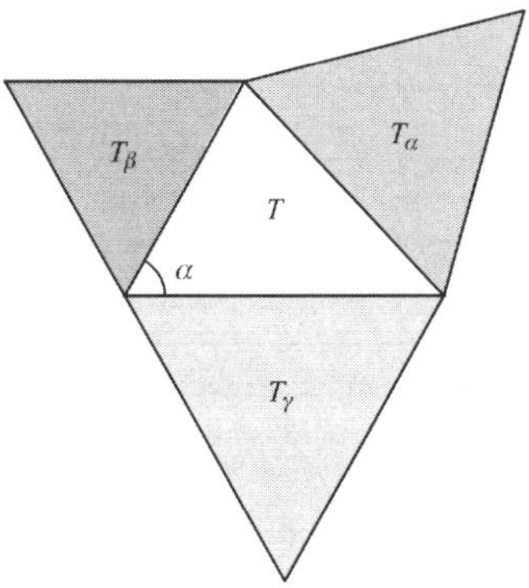

증명

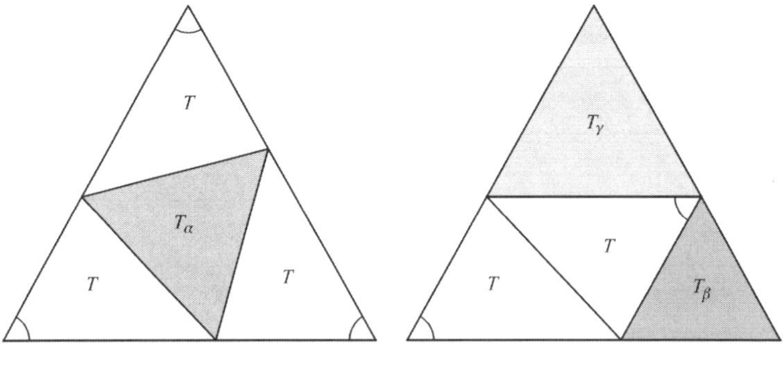

Ⅱ. $\alpha = \frac{2\pi}{3}$이면, $T_\alpha = T_\beta + T_\gamma + T$

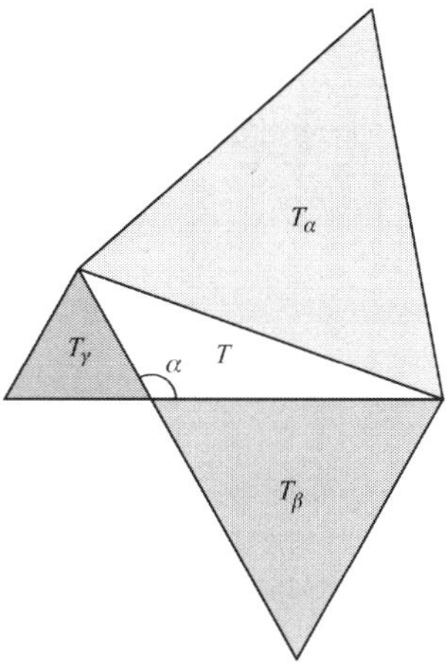

증명

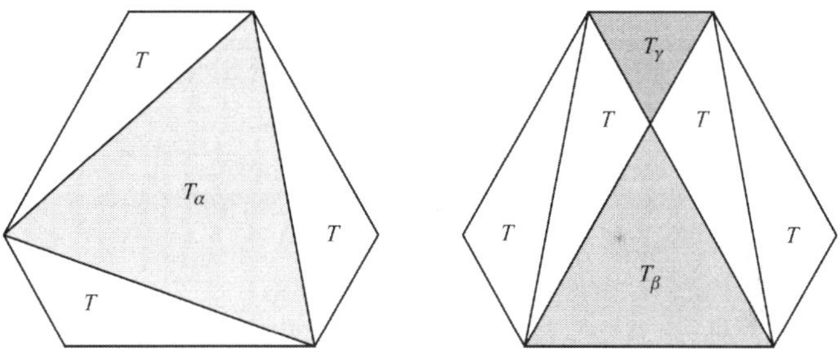

Ⅲ. $\alpha=\frac{\pi}{6}$이면, $T_\alpha+3T=T_\beta+T_\gamma$

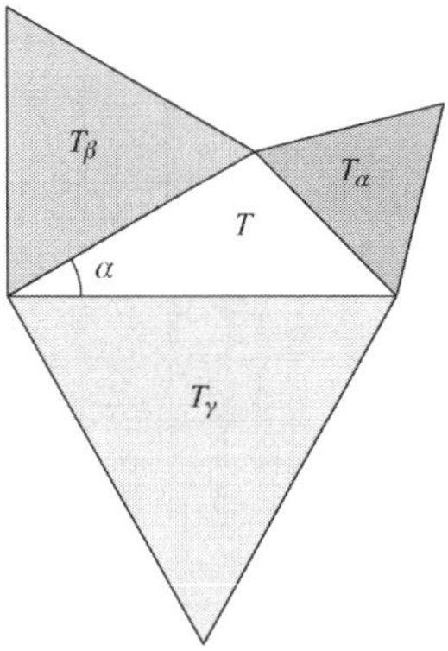

증명

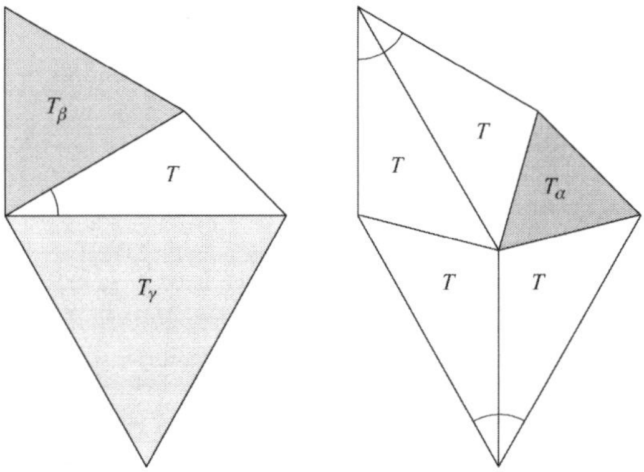

Ⅳ. $\alpha=\frac{5\pi}{6}$이면, $T_{\alpha}=T_{\beta}+T_{\gamma}+3T$

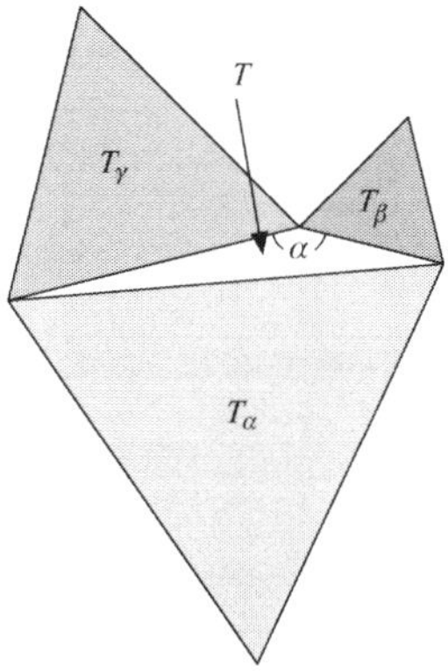

증명

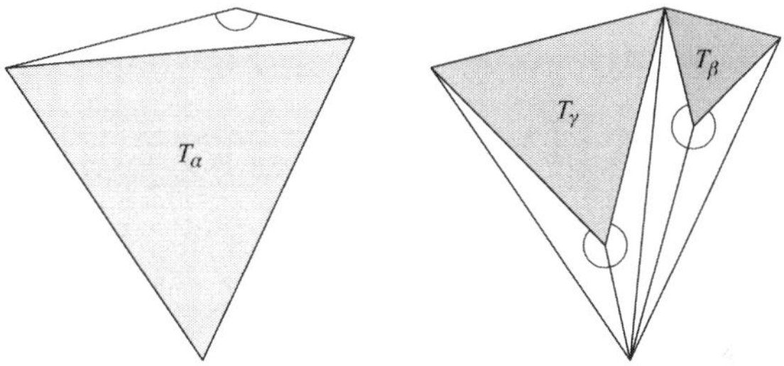

참고

일반적으로 $T_{\alpha}=T_{\beta}+T_{\gamma}-\sqrt{3}T\cot\alpha$가 성립한다.

직각 사다리꼴에서의 피타고라스의 정리

– 구안센 렌(Guanshen Ren)

직각 사다리꼴이란 두 내각이 직각인 사다리꼴을 뜻한다. 밑변의 길이를 각각 a, b, 높이를 h, 빗변의 길이를 s, 두 대각선의 길이를 c, d라 하면

$$c^2+d^2=s^2+h^2+2ab.$$

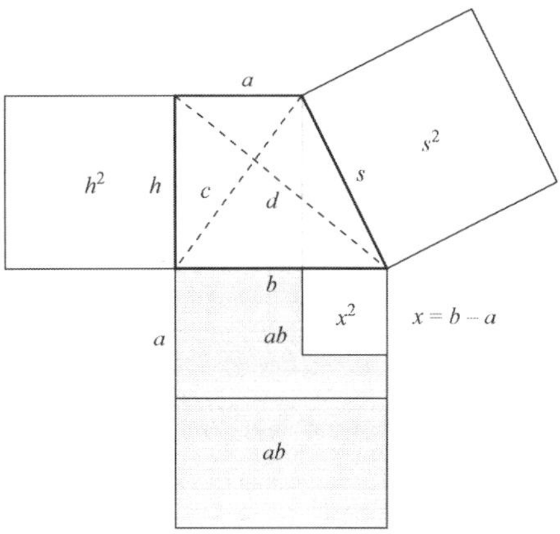

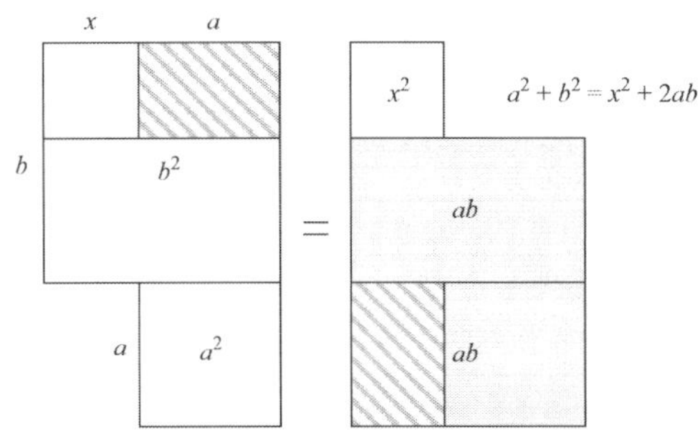

$$c^2+d^2=(a^2+h^2)+(b^2+h^2)=x^2+2ab+2h^2=s^2+h^2+2ab.$$

접힌 직사각형에서의 피타고라스의 정리

– 구안센 렌(Guanshen Ren)

(a,b,c)－접힌 삼각형이란 가로 세로의 길이가 a, b인 직사각형의 한 귀퉁이를 잘라서 만들어지는 새로운 변의 길이가 c가 되게끔 만든 오각형을 뜻한다. 새로운 변에 가까운 두 대각선의 길이를 d, e라 하면

$$a^2+b^2+c^2=d^2+e^2.$$

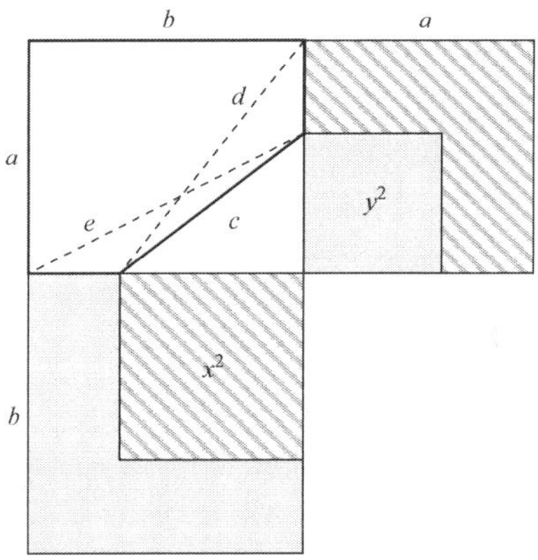

$$a^2+b^2+c^2=a^2+b^2+(x^2+y^2)=(a^2+x^2)+(b^2+y^2)=d^2+e^2.$$

헤론의 공식 (알렉산드리아의 헤론. 10－70년경)

– 로저 넬센(Roger B. Nelsen)

삼각형의 세 변의 길이를 a, b, c라 하고, 둘레의 반인 $\frac{a+b+c}{2}$를 s라 하자. 이 때, 삼각형의 넓이 K는

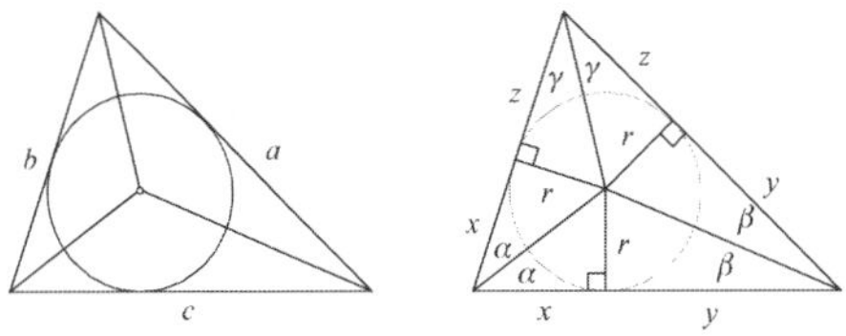

$$s=x+y+z,\ x=s-a,\ y=s-b,\ z=s-c.$$

1. $K=r(x+y+z)=rs.$

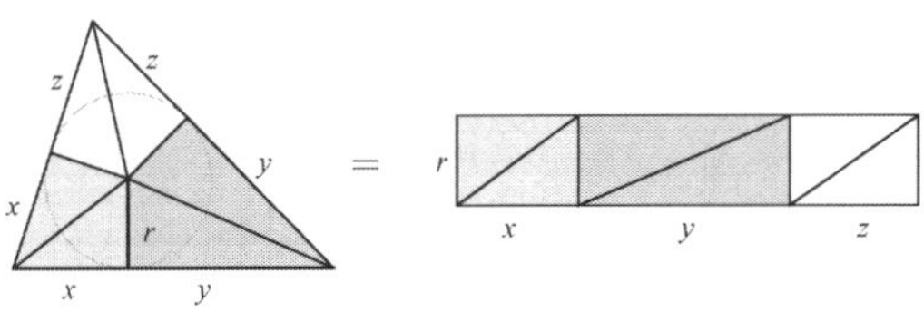

2. $xyz=r^2(x+y+z)=r^2s.$

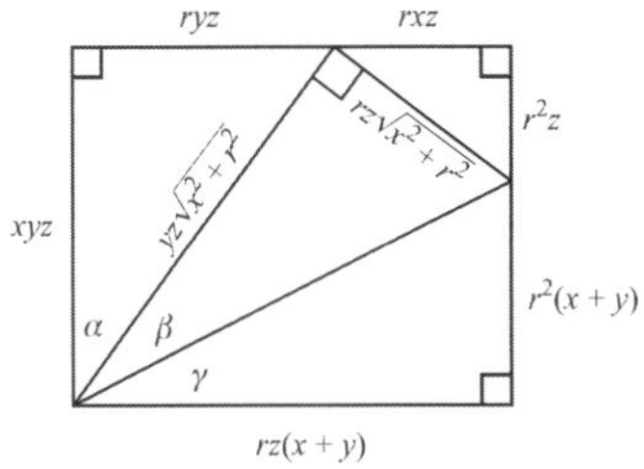

3. $\therefore K^2=r^2s^2=sxyz=s(s-a)(s-b)(s-c).$

한 삼각형에 내접하는 정삼각형은 무수히 많다

– 시드니 쿵(Sidney H. Kung)

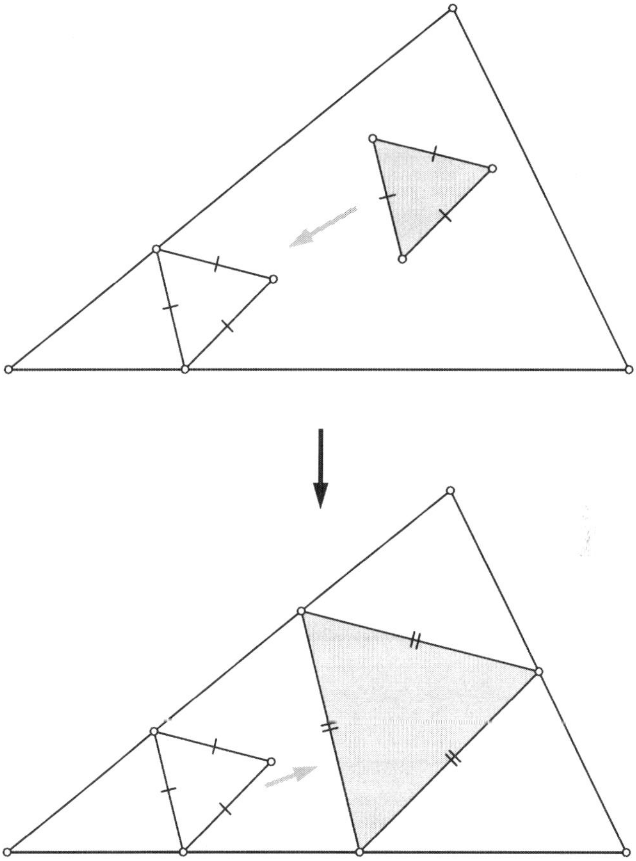

모든 삼각형은 여섯 개의 이등변삼각형으로 나눌 수 있다.

– 앙겔 플라자 (Ángel Plaza)

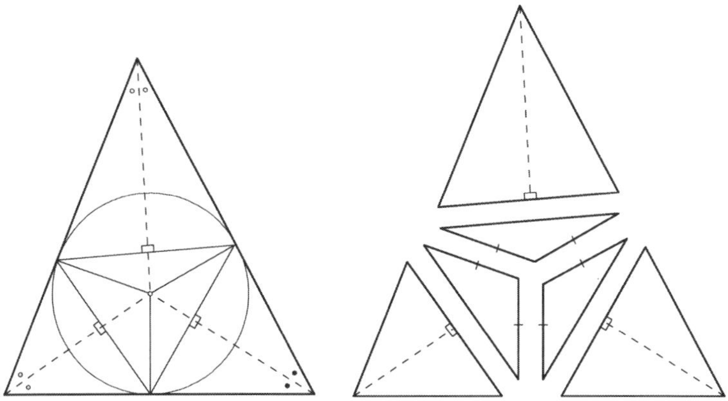

이등변삼각형으로 나누기 모음

– 데스 마칼레(Des MacHale)

1. 모든 삼각형은 네 개의 이등변삼각형으로 나눌 수 있다.

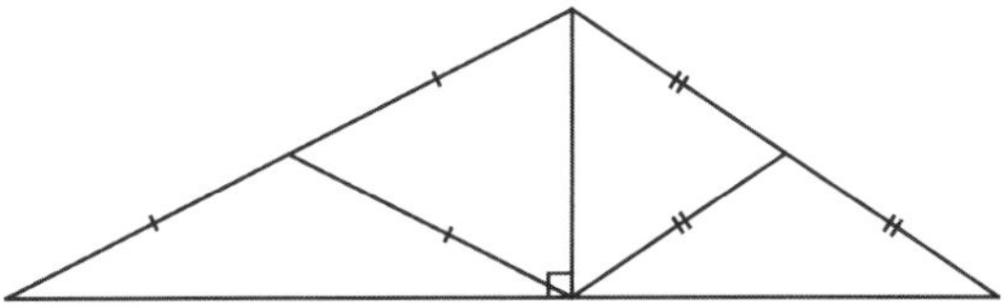

2. 모든 예각 삼각형은 세 개의 이등변삼각형으로 나눌 수 있다.

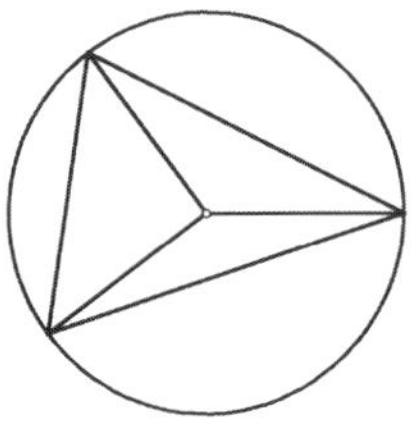

3. 직각삼각형이거나 한 내각의 크기가 다른 내각 크기의 두 배나 세 배가 되는 삼각형은 두 개의 이등변삼각형으로 나눌 수 있다.

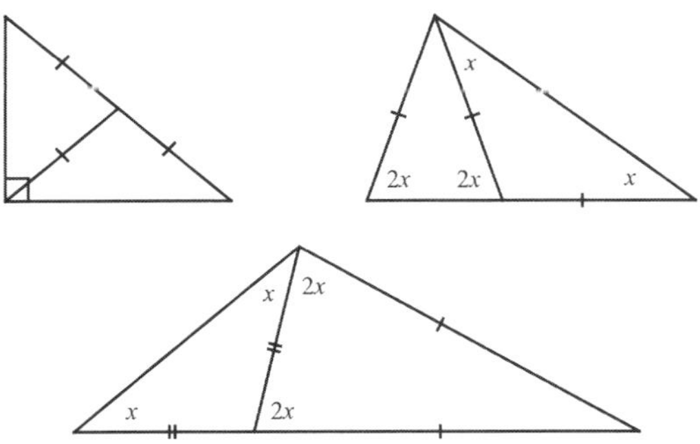

비비아니의 정리 II

빈첸초 비비아니(*Vincenzo Viviani*, 1622–1703)

– 제임스 탄턴(James Tanton)

정삼각형 내부의 한 점에서 각 변까지의 거리의 합은 삼각형의 높이와 같다.

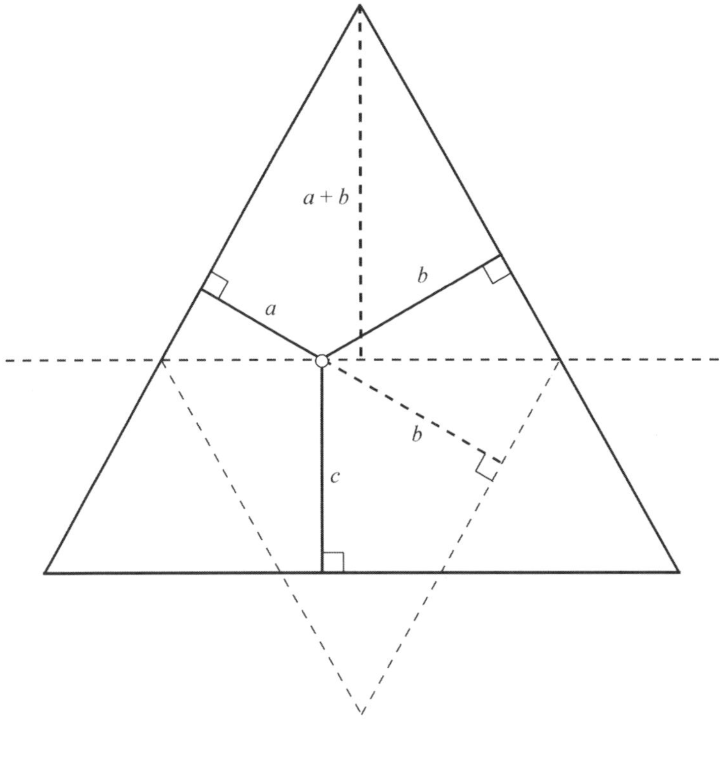

비비아니의 정리 Ⅲ

– 켄-이치로 가와사키(Ken-ichiro Kawasaki)

정삼각형 내부의 한 점에서 각 변까지의 거리의 합은 삼각형의 높이와 같다.

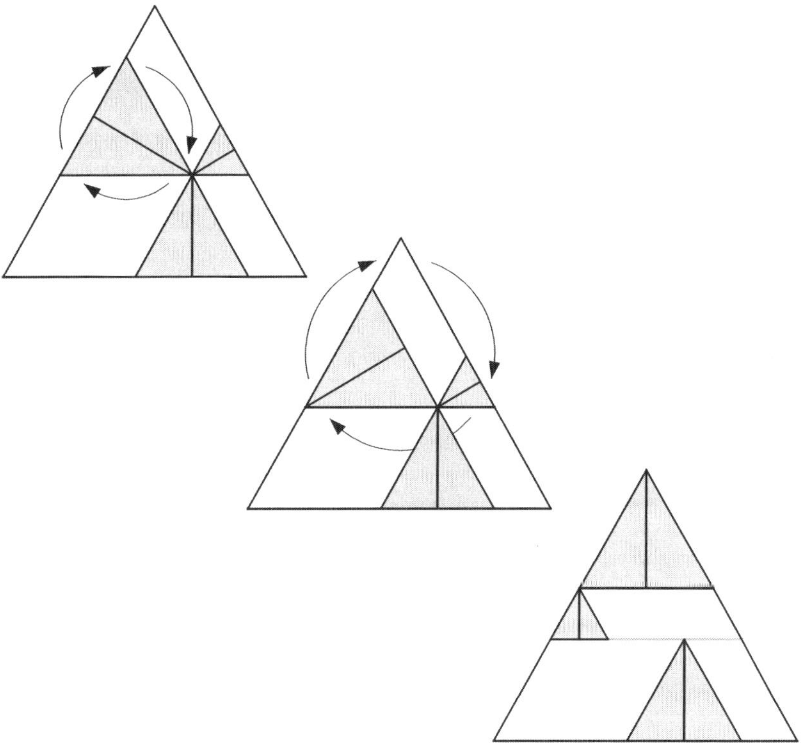

톨레미의 정리 I

– 알렉산드리아의 톨레미(Ptolemy of Alexandria, 90–168년경)

사각형이 원에 내접할 때 두 대각선의 길이의 곱은 대변의 길이의 곱을 더한 값과 같다.

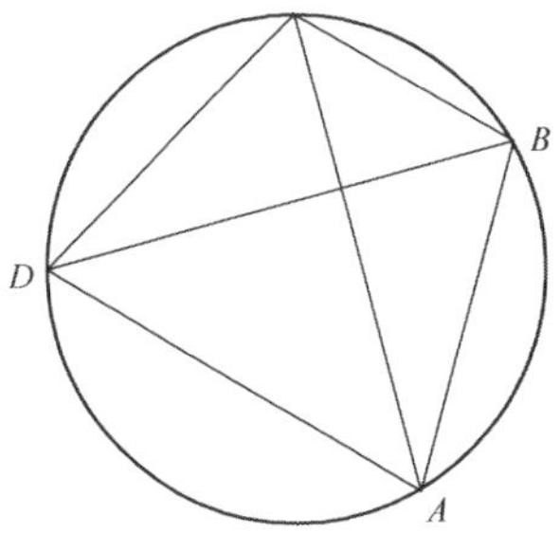

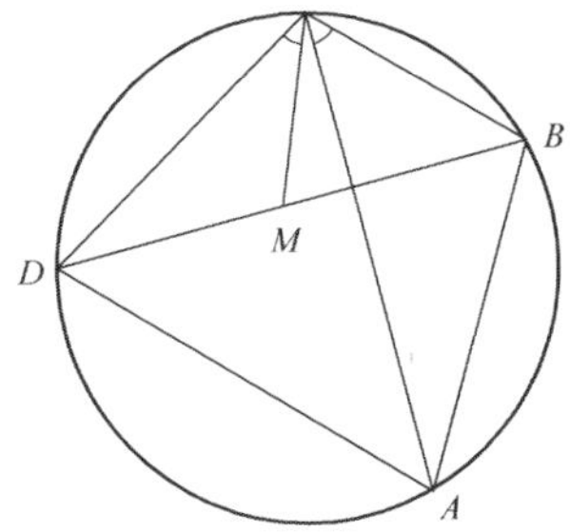

$$\angle DCM = \angle ACB$$

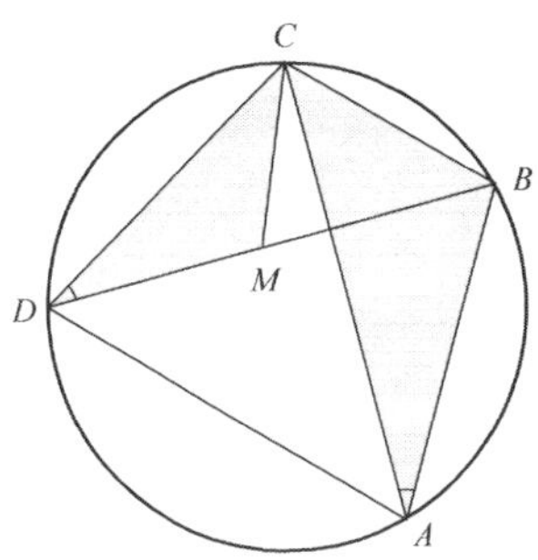

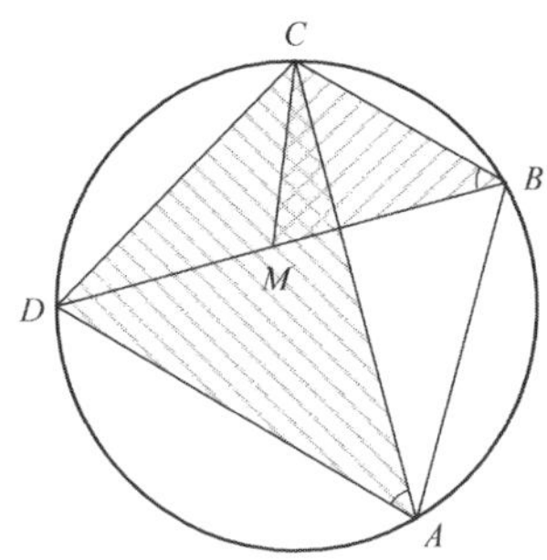

$$\triangle DCM \sim \triangle ACB \qquad \triangle BCM \sim \triangle ACD$$

$$\frac{CD}{MD} = \frac{AC}{AB} \qquad \frac{BC}{BM} = \frac{AC}{AD}$$

$$AB \cdot CD = AC \cdot MD \qquad BC \cdot AD = AC \cdot BM$$

$$\therefore AB \cdot CD + BC \cdot AD = AC(MD + BM) = AC \cdot BD.$$

톨레미의 정리 Ⅱ

– 윌리엄 데릭(William Derrick)과 제임스 허스타인(James Hirstein)

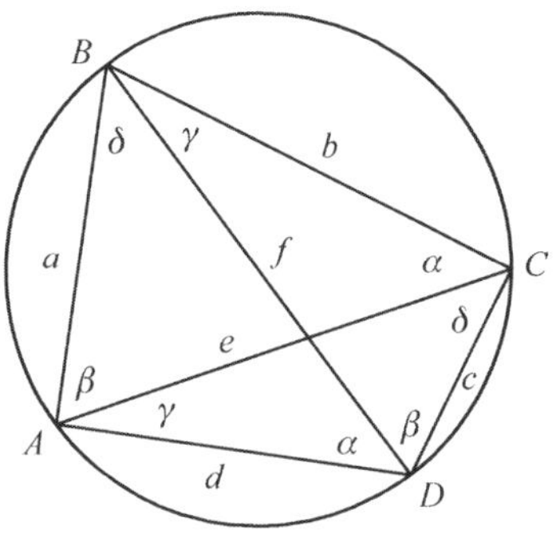

$$\alpha+\beta+\gamma+\delta=180^\circ$$

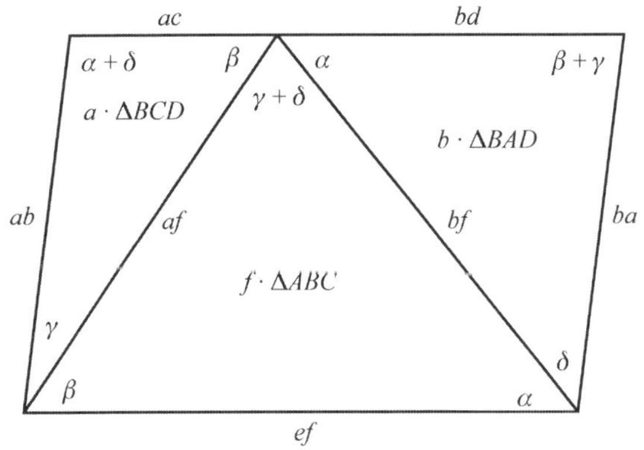

$$\therefore\ ef=ac+bd$$

평행사변형을 여러 조각으로 나눴을 때의 넓이

– 필리프 리처드(Philippe R. Richard)

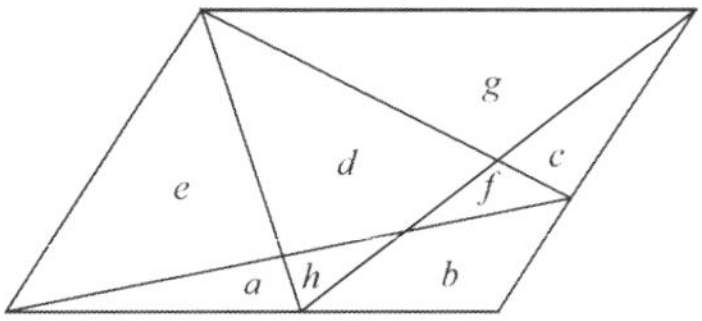

Ⅰ. $a+b+c=d$

Ⅱ. $e+f=g+h$

Ⅰ.

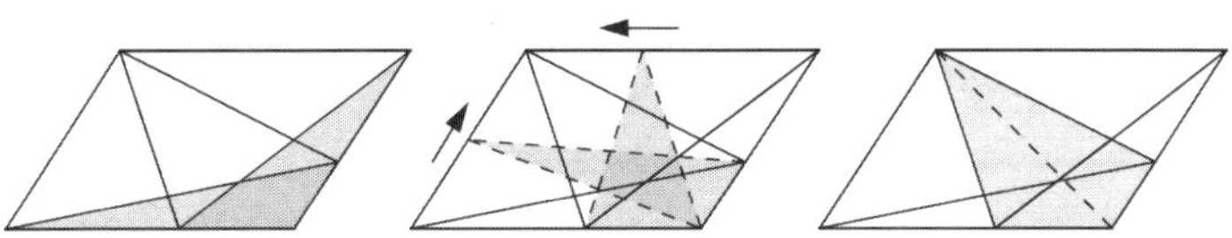

Ⅱ.

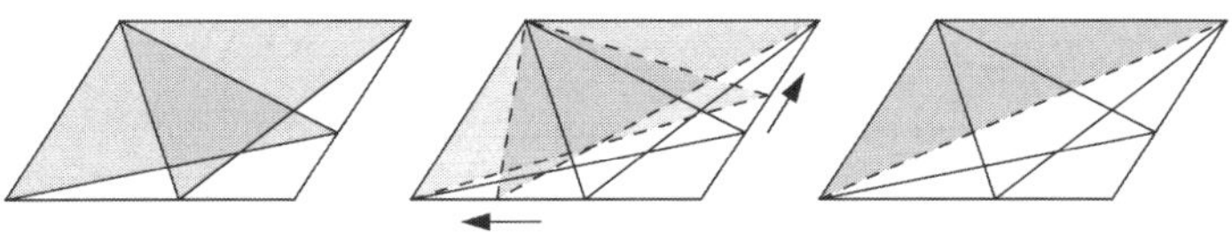

정사각형 안의 정사각형의 넓이

– 마크 챔버랜드(Marc Chamberland)

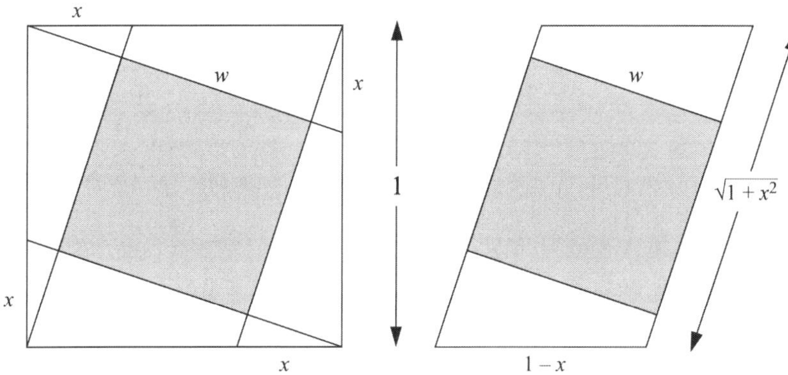

$$넓이\square = w\cdot\sqrt{1+x^2} = 1\cdot(1-x),$$

$$넓이\blacksquare = w^2 = \frac{(1-x)^2}{1+x^2}.$$

평행사변형 법칙

– 클라우디 알시나(Claudi Alsina)와 아마디오 몬레알(Amadeo Monreal)

평행사변형의 각 변을 한 변으로 하는 네 정사각형의 넓이의 합은 대각선을 한 변으로 하는 두 정사각형의 넓이의 합과 같다.

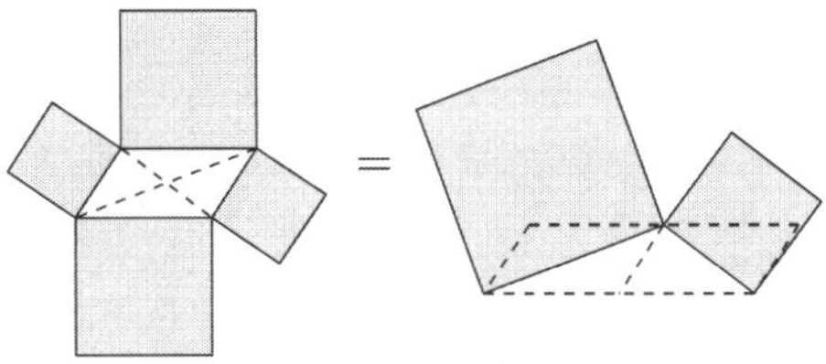

증명

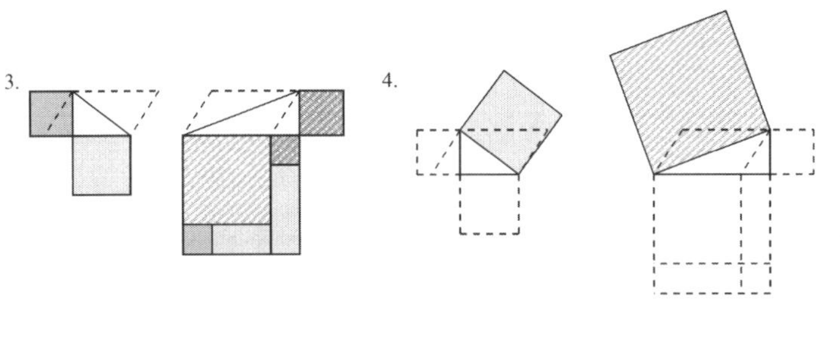

평행사변형의 법칙에 따른 삼각형 중선의 길이

– 피터 로이스(C. Peter Lawes)

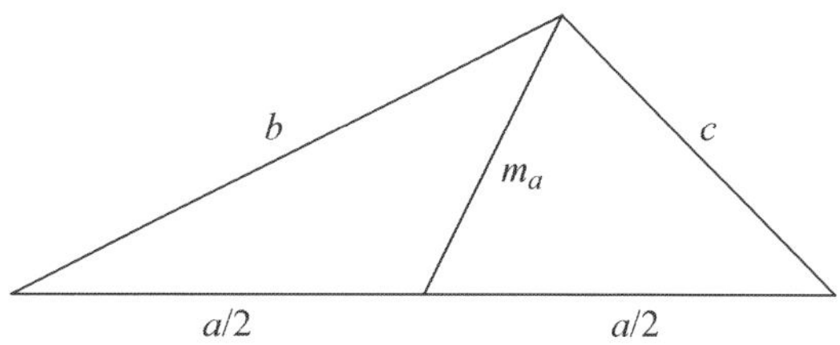

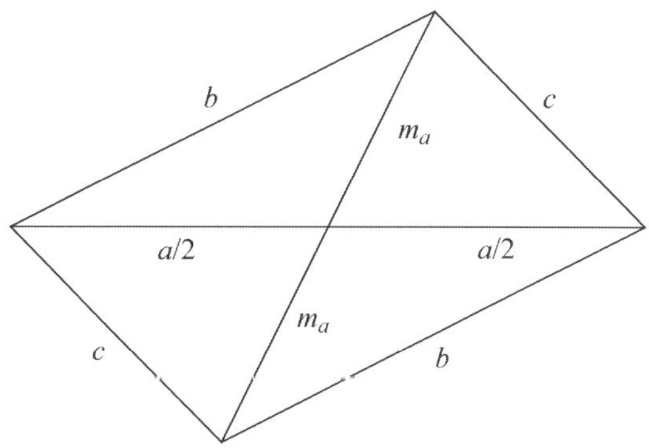

$$2b^2+2c^2=a^2+(2m_a)^2,$$

$$\therefore\ m_a=\frac{1}{2}\sqrt{2b^2+2b^2-a^2}.$$

두 정사각형과 두 삼각형

두 정사각형이 한 꼭짓점을 공유할 때, 각 사각형에서 이 점에 인접한 점을 이어서 만든 두 개의 삼각형의 넓이는 같다.

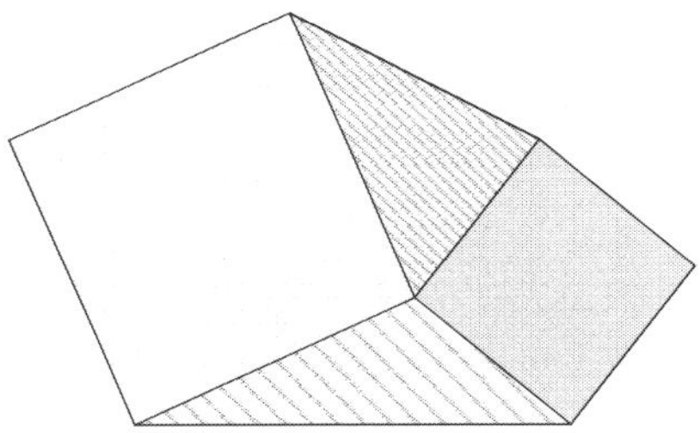

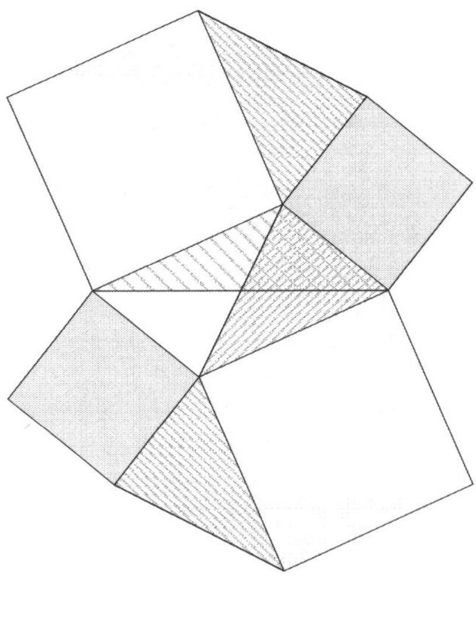

정삼각형의 내접원의 반지름

– 노스이스턴 대학교(미국, 보스턴 소재)의 교육대학 주최 2004년 기하학 여름학교 참가자

정삼각형의 내접원의 반지름은 삼각형의 높이의 1/3이다.

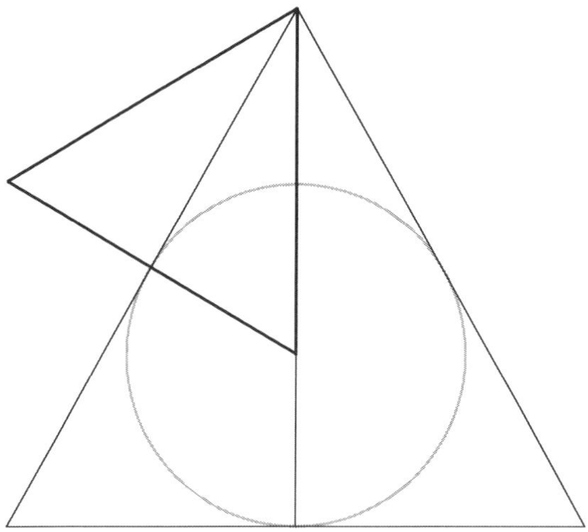

삼각형의 내심을 지나는 직선

– 시드니 쿵(Sidney H. Kung)

삼각형의 내심을 지나는 직선이 삼각형의 둘레를 이등분한다면 그 넓이도 이등분한다. 역도 성립한다.

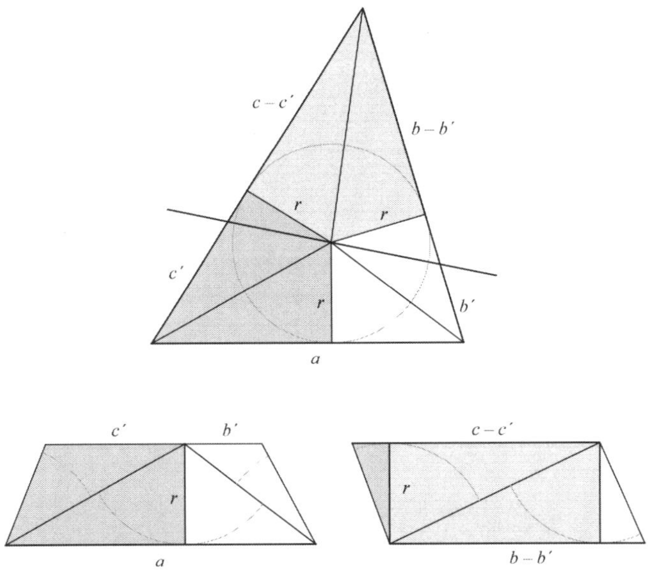

윗넓이=아랫넓이 ⇔ $a+b'+c'=c-c'+b-b'=\frac{a+b+c}{2}$.

삼각형의 넓이와 외접원의 반지름

삼각형의 세 변의 길이를 a,b,c, 넓이를 K. 외접원의 반지름을 R이라 하면

$$K=\frac{abc}{4R}.$$

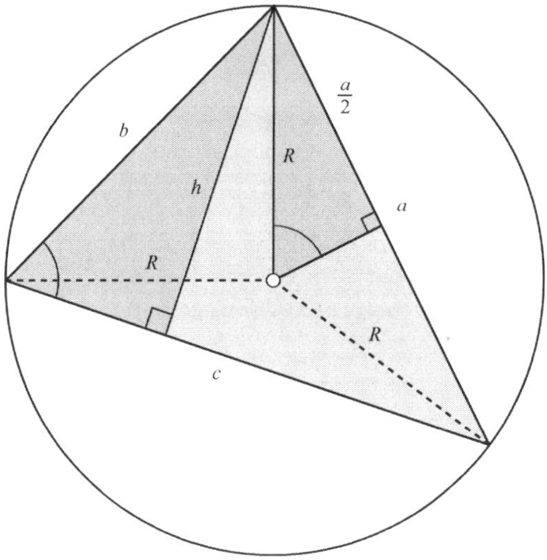

$$\frac{h}{b}=\frac{a/2}{R} \Leftrightarrow h=\frac{1}{2}\frac{ab}{R},$$

$$\therefore K=\frac{1}{2}hc=\frac{1}{4}\frac{acb}{R}.$$

삼각형 위에 삼각형

– 데쉬판데(M.N. Deshpande)

삼각형 △ABC의 각 변을 한 변으로 하는 정사각형을 그리고 이웃하는 정사각형을 연결해서 삼각형 세 개를 만든다. 이 과정을 한번 반복하면 그림처럼 세 개의 사각형이 만들어지는데, 각 사각형의 넓이는 삼각형 △ABC의 넓이의 다섯 배가 된다. 즉,

$$[A_1A_2A_3A_4]=[B_1B_2B_3B_4]=[C_1C_2C_3C_4]=5[ABC].$$

여기서 [ ] 는 넓이를 뜻한다.

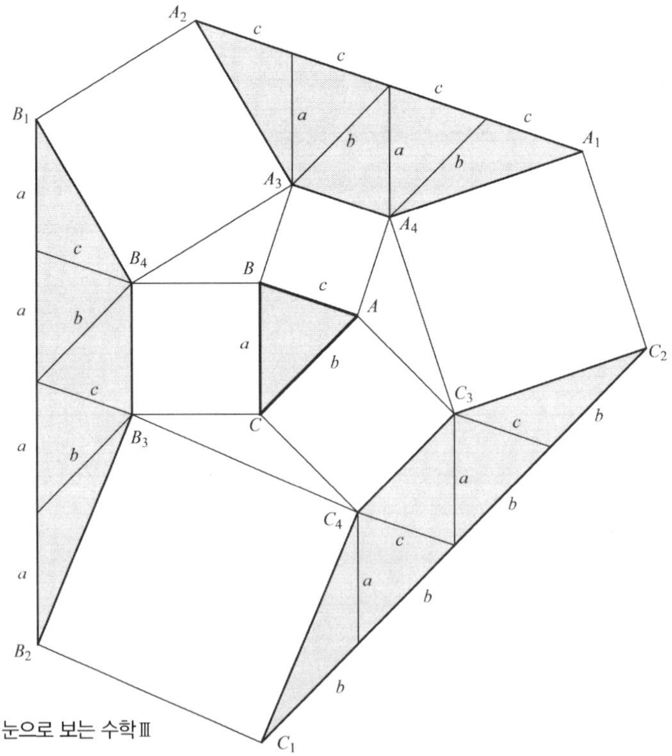

각의 합은 45°

– 2001 미국수학협회 일리노이주 학생 수학경시대회. 문제 3

정사각형 ABCD의 한변 BC위에 $BX_1=X_1X_2=\cdots=X_{n-1}X_n=X_nC$가 되는 n개의 점 X_1, X_2, $\cdots$, X_n이 있다고 하자. (n은 양의 정수다.) $AY=BX_1$가 되게끔 AD 위에 점 Y를 정할 때, $\angle AX_1Y+\angle AX_2Y+\cdots+\angle AX_nY+\angle ACY$의 값(육십분법으로)을 구하시오.

답. 45°.

증명 (n=4일 때)

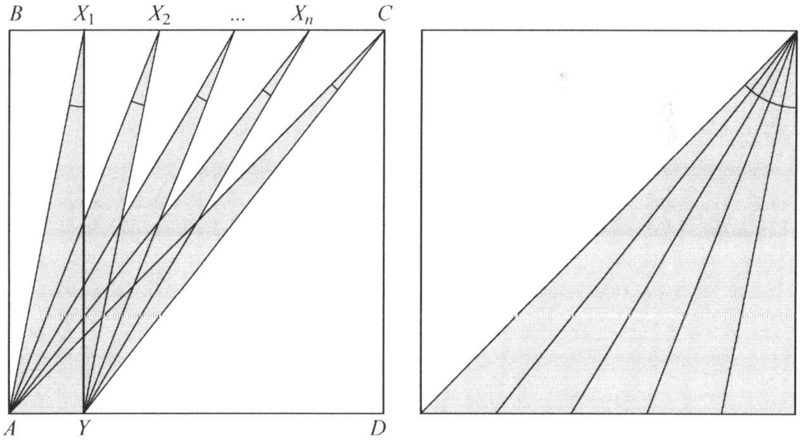

선분을 삼등분하기 II

– 로버트 스타이어(Robert Styer)

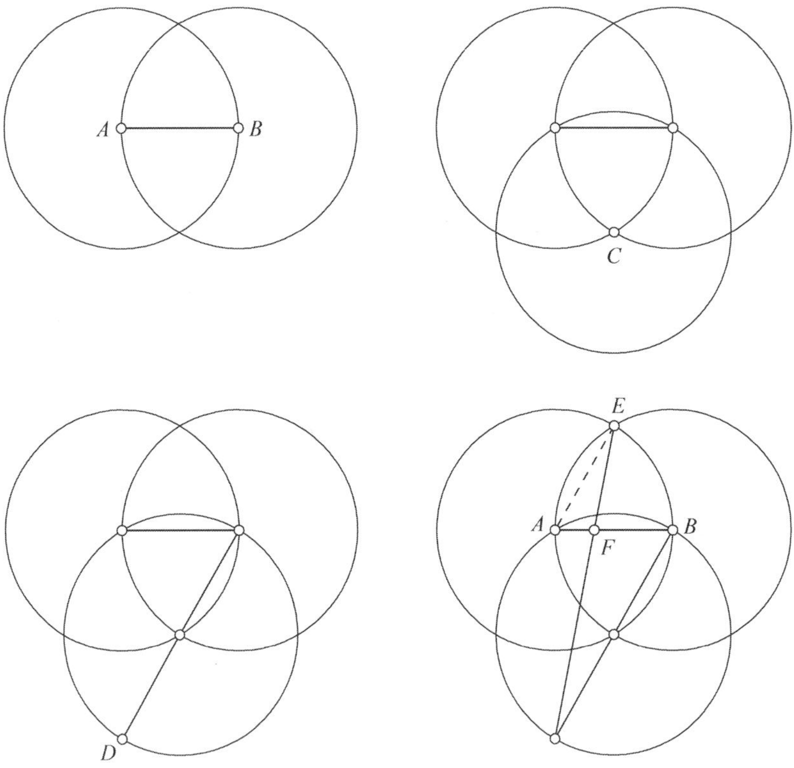

$$\overline{AF} = \frac{1}{3} \cdot \overline{AB}$$

넓이가 일정한 두 정사각형

원의 중심을 지나는 직선이 임의의 현과 45°를 이루며 자를 때 생기는 두 선분의 길이를 a, b라 하면, a^2+b^2은 일정하다.

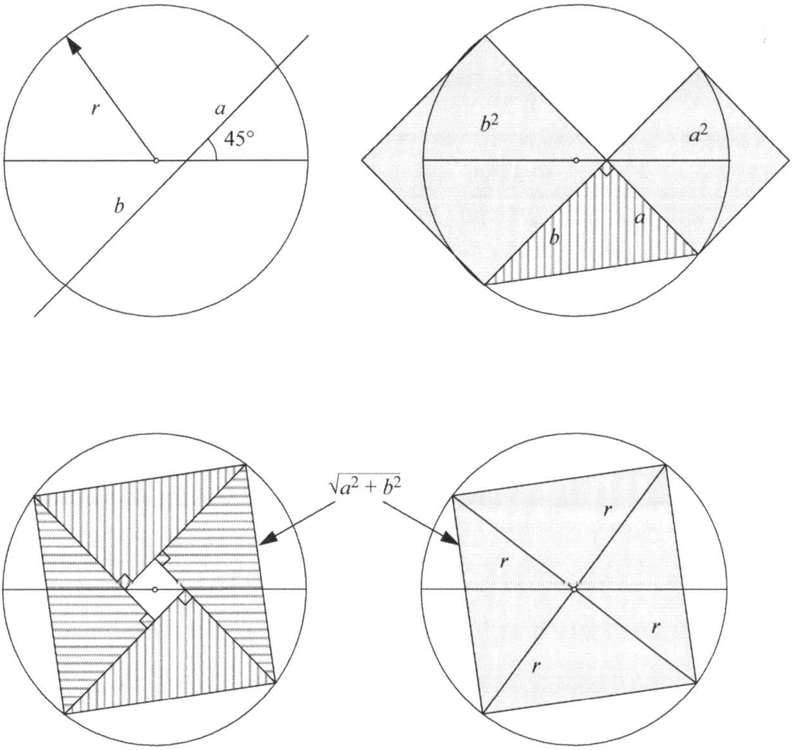

$$a^2+b^2=2r^2.$$

넓이가 일정한 네 정사각형

– 로저 넬센 (Roger B. Nelsen)

원의 두 현이 수직으로 만나서 생기는 네 개의 선분을 각각 한 변으로 하는 네 개의 정사각형의 넓이의 합은 일정하다. (그 합은 지름의 길이의 제곱과 같다.)

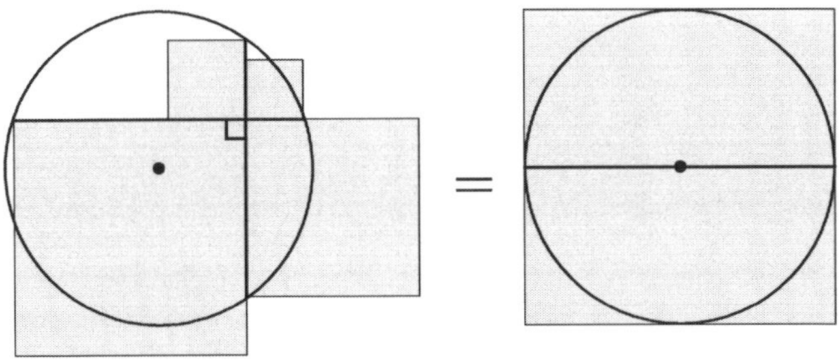

증명

1.

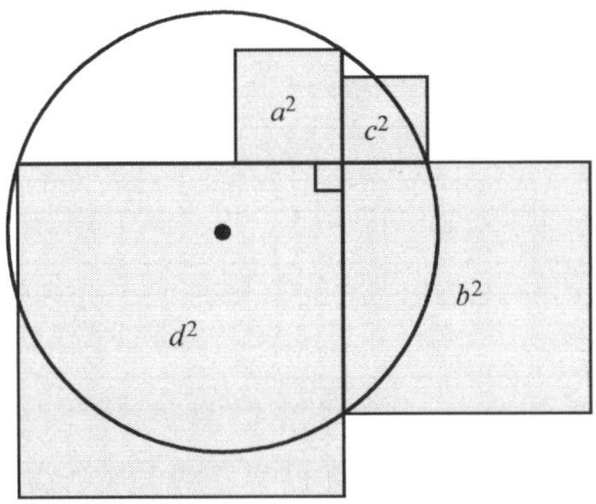

2.

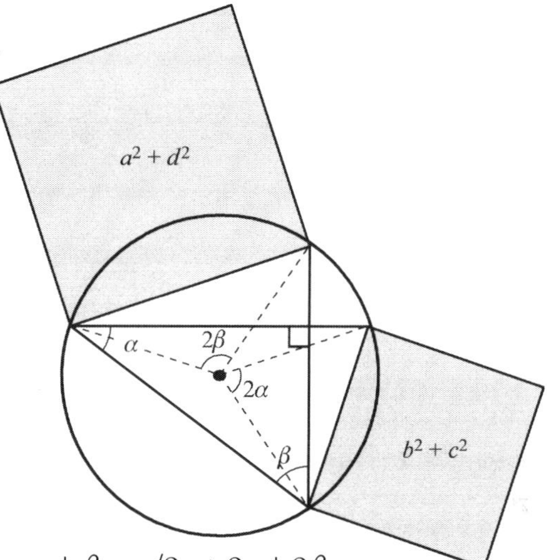

$$\alpha + \beta = \pi/2 \Rightarrow 2\alpha + 2\beta = \pi$$

3.

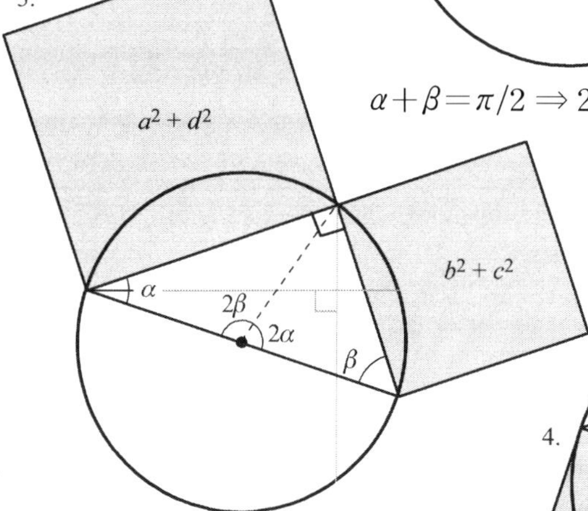

4.

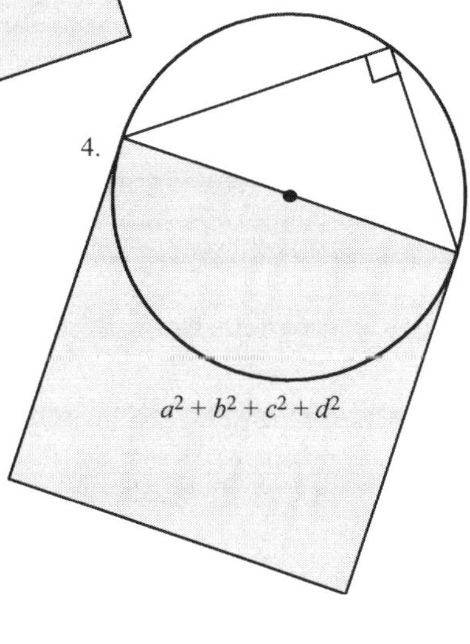

원에 내접한 정사각형과 반원에 내접한 정사각형

– 로저 넬센 (Roger B. Nelsen)

반원에 내접하는 정사각형의 넓이는 지름의 길이가 같은 원에 내접하는 정사각형의 넓이의 2/5다.

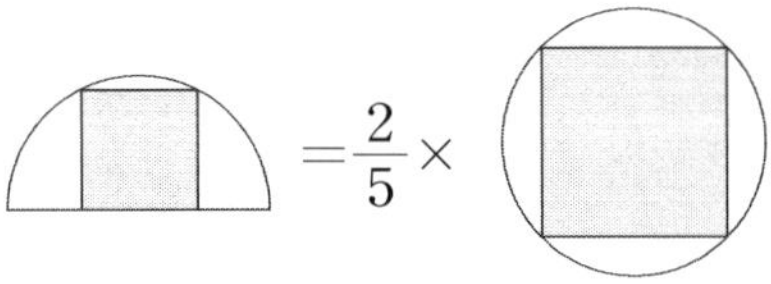

증명

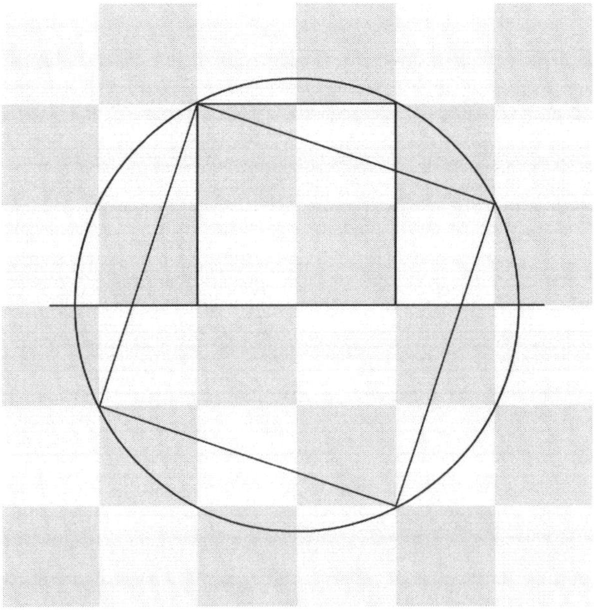

크리스마스 트리 문제
– 레크레이션 수학. 8(1976) 46쪽에 실린 문제 370번

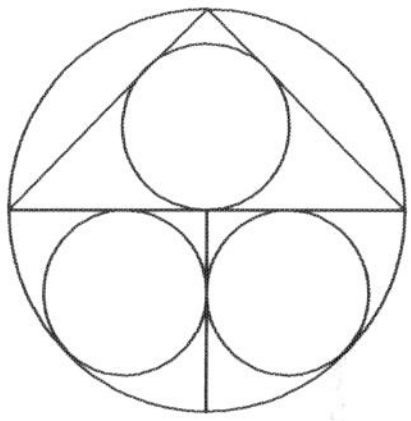

그림처럼 큰 원에 내접하는 직각이등변삼각형에 내접하는 작은 원과 이 삼각형의 바깥에 위치한 반원을 이등분하는 영역에 각각 내접하는 두 개의 작은 원을 그린다. 이 때, 이 세 개의 작은 원은 합동임을 보이시오.

풀이:

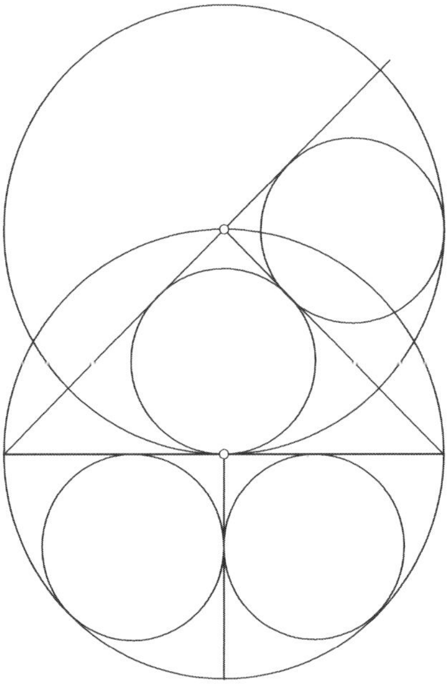

아벨로스의 넓이

– 로저 넬센 (Roger B. Nelsen)

세 점 P,Q,R이 이 순서대로 한 직선 위에 있다. 직선의 한쪽 편에 PQ, QR, PR을 지름으로 하는 세 반원을 그리고 점 Q를 지나며 PR에 수직인 직선이 큰 반원과 만나는 점을 S라 하자. 이 때, 아벨로스(세 반원으로 이뤄지는 칼 모양. 역자 주.)의 넓이 A는 QS를 지름으로 하는 원의 넓이와 같다. [아르키메데스, 보조정리집. 명제 4]

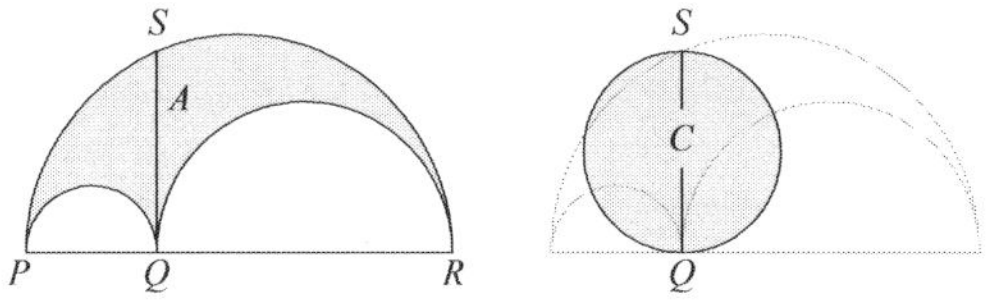

$$A=C$$

증명

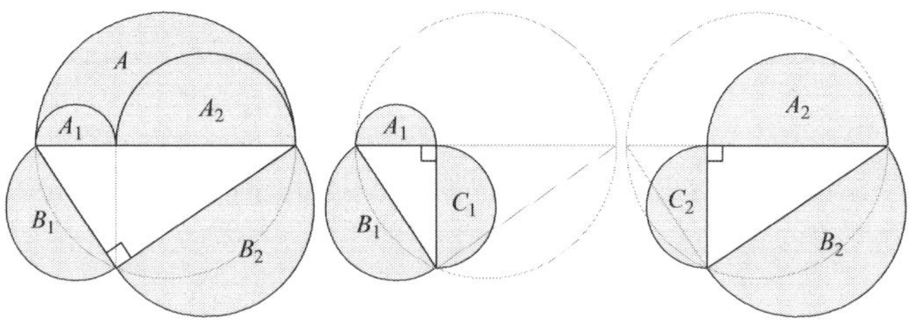

$$A+A_1+A_2=B_1+B_2 \quad B_1=A_1+C_1 \qquad B_2=A_2+C_2$$

$$A+A_1+A_2=A_1+C_1+A_2+C_2$$

$$\therefore A=C_1+C_2=C$$

샐리넌의 넓이

– 로저 넬센 (Roger B. Nelsen)

정리. PQ=RS를 만족하는 네 점 P,Q,R,S가 이 순서대로 한 직선 위에 있다. PQ, RS, PS를 지름으로 하는 세 반원을 직선의 한쪽 편에 그리고, QR를 지름으로 하는 반원은 직선의 나머지 한쪽 편에 그린다. 이 네 개의 반원으로 이뤄진 모양을 샐리넌이라 한다. 샐리넌의 대칭축이 자기 자신과 만나는 점을 M,N이라 하자. 이 때, 샐리넌의 넓이 A는 MN을 지름으로 하는 원의 넓이 C와 같다.
[아르키메데스, 보조정리집. 명제 14]

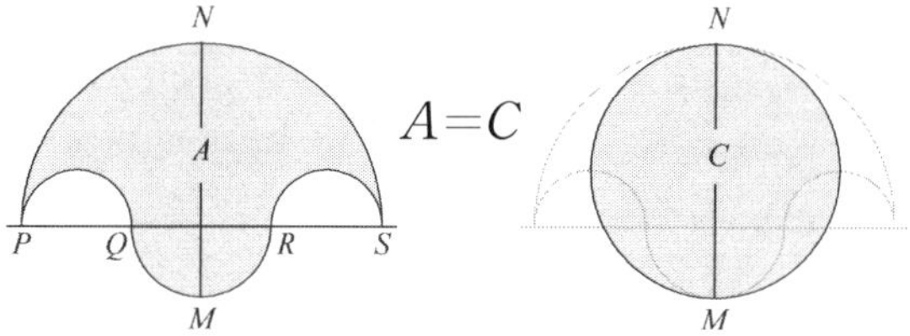

증명

1.

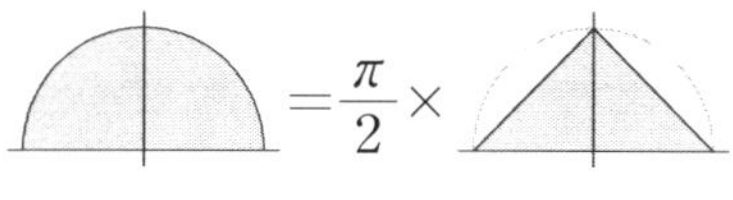

2.

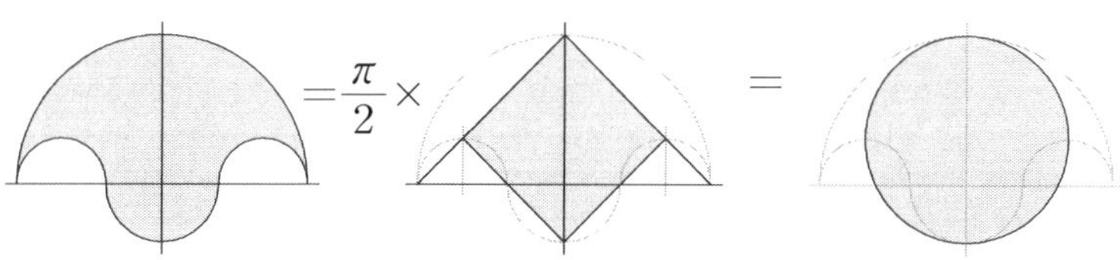

직각삼각형의 넓이

– 로저 넬센 (Roger B. Nelsen)

정리. 직각삼각형의 넓이 K는 내접원이 빗변과 만나는 점으로 빗변을 나눈 두 선분의 길이 x,y의 곱과 같다.

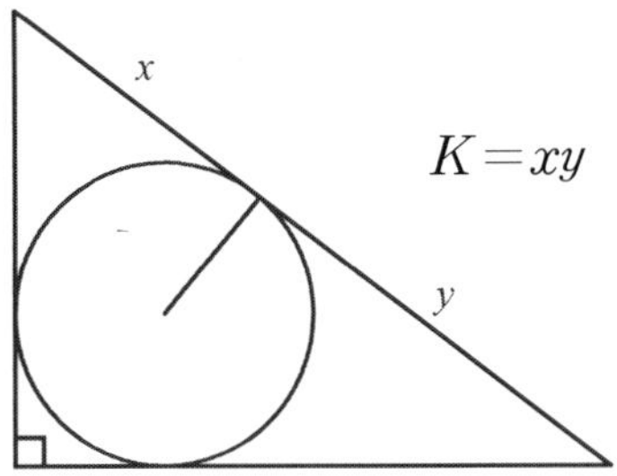

증명

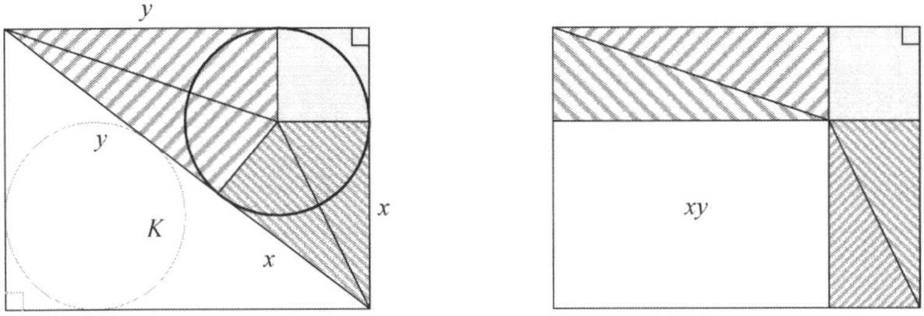

정십이각형의 넓이 Ⅱ

– 로저 넬센 (Roger B. Nelsen)

단위원에 내접하는 정십이각형의 넓이는 3이다.

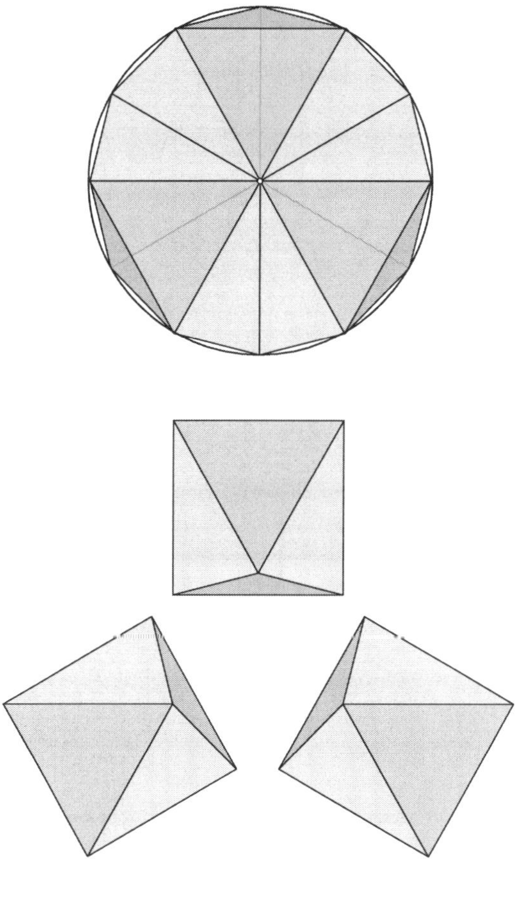

네 개의 활꼴의 넓이는 정사각형의 넓이와 같다

정리. 원에 내접하는 정사각형의 각 변 위에 반원을 그린다. 이때 만들어지는 네 개의 활꼴의 넓이는 정사각형의 넓이와 같다.
[키오스의 히포크라테스, 기원전 440년경]

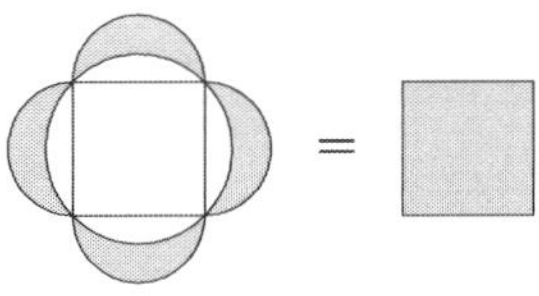

증명

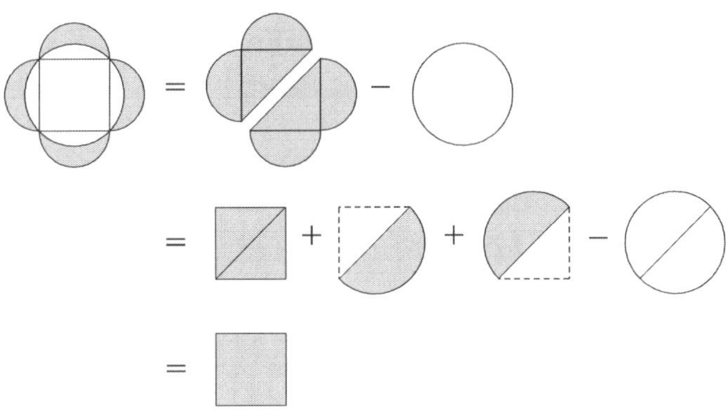

활꼴과 정육각형

– 로저 넬센 (Roger B. Nelsen)

정리. 원에 내접하는 정육각형의 각 변 위에 반원을 그린다. 이때 만들어지는 여섯 개의 활꼴의 넓이는 정육각형의 넓이와 정육각형의 한 변을 지름으로 하는 원의 넓이의 합과 같다.

[키오스의 히포크라테스, 기원전 440년경]

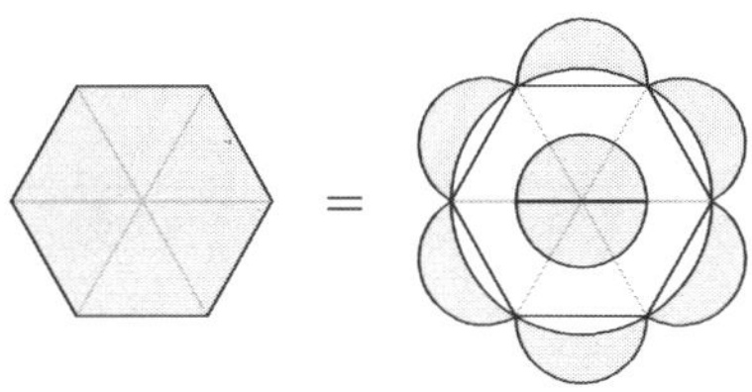

증명

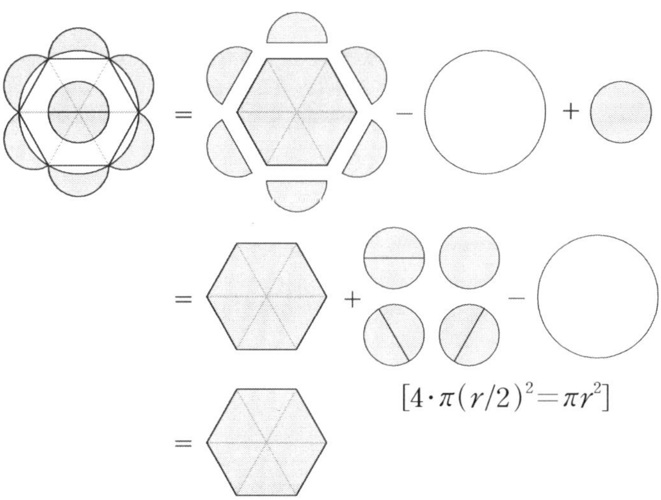

$[4\cdot\pi(r/2)^2=\pi r^2]$

삼각뿔의 부피

– 박부성(Poo-Sung Park)

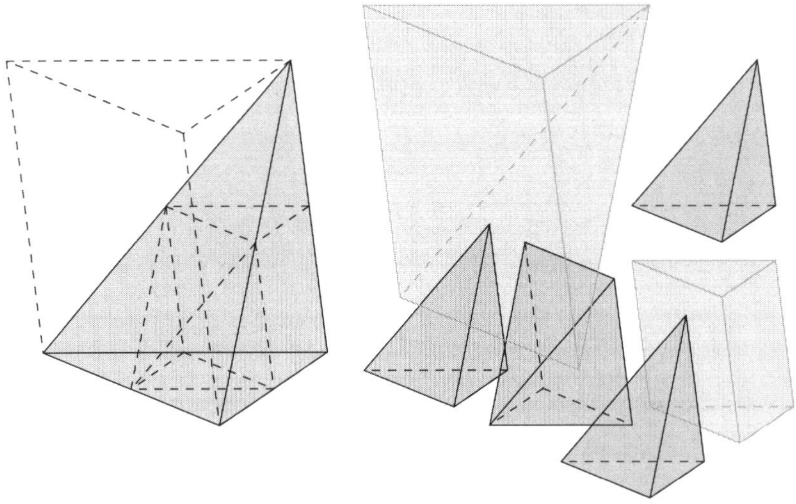

$$V_{\text{삼각기둥}} = (V_{\text{삼각기둥}} - V_{\text{삼각뿔}}) + 3 \times \frac{1}{8} V_{\text{삼각뿔}} + \frac{1}{8} V_{\text{삼각기둥}} + (V_{\text{삼각기둥}} - V_{\text{삼각뿔}})$$

$$\therefore V_{\text{삼각뿔}} = \frac{1}{3} V_{\text{삼각기둥}}$$

대수적인 넓이 Ⅳ

– 유키오 고바야시(Yukio Kobayashi)

Ⅰ. $ax-by=\frac{1}{2}(a+b)(x-y)+\frac{1}{2}(a-b)(x+y)$

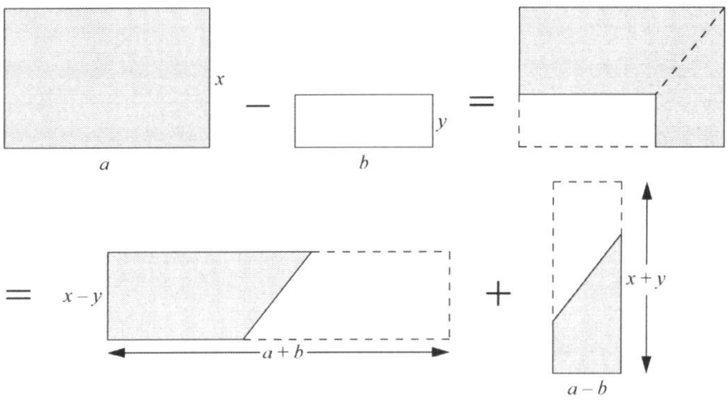

Ⅱ. $ax+by=\frac{1}{2}(a+b)(x+y)+\frac{1}{2}(a-b)(x-y)$

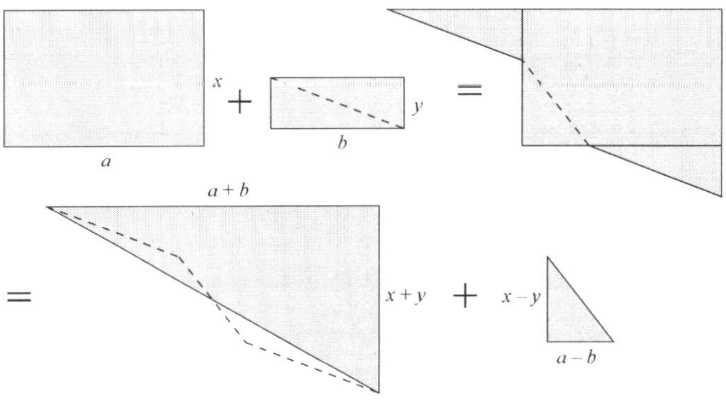

비례식에 대한 정리
– 더하고 빼기

– 유키오 고바야시(Yukio Kobayashi)

$bd \neq 0$이고 $\dfrac{a}{b}=\dfrac{c}{d}=\neq 1$이면 $\dfrac{a+b}{a-b}=\dfrac{c+d}{c-d}$이다.

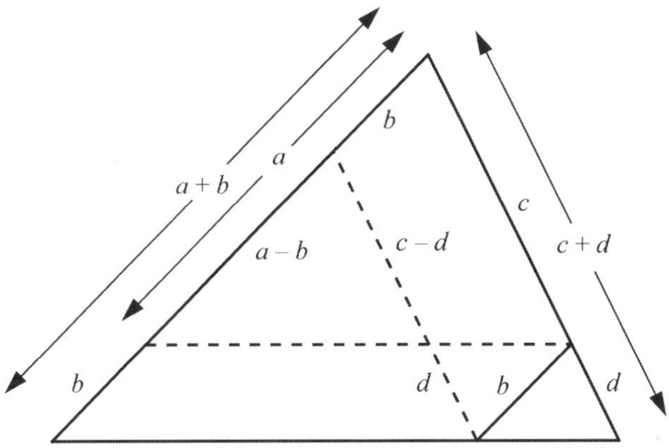

완전제곱식 만들기 II

– 무니르 마호무드(Munir Mahmood)

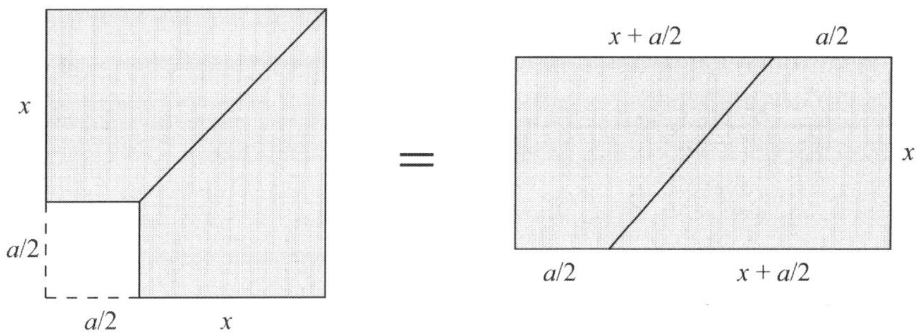

$$\left(x+\frac{a}{2}\right)^2-\left(\frac{a}{2}\right)^2=x(x+a)=x^2+ax.$$

캔디도의 공식

자코모 캔디도(Giacomo Candido, 1871－1941)

– 로저 넬센(Roger B. Nelsen)

$$[x^2+y^2+(x+y)^2]^2=2[x^4+y^4+(x+y)^4]$$

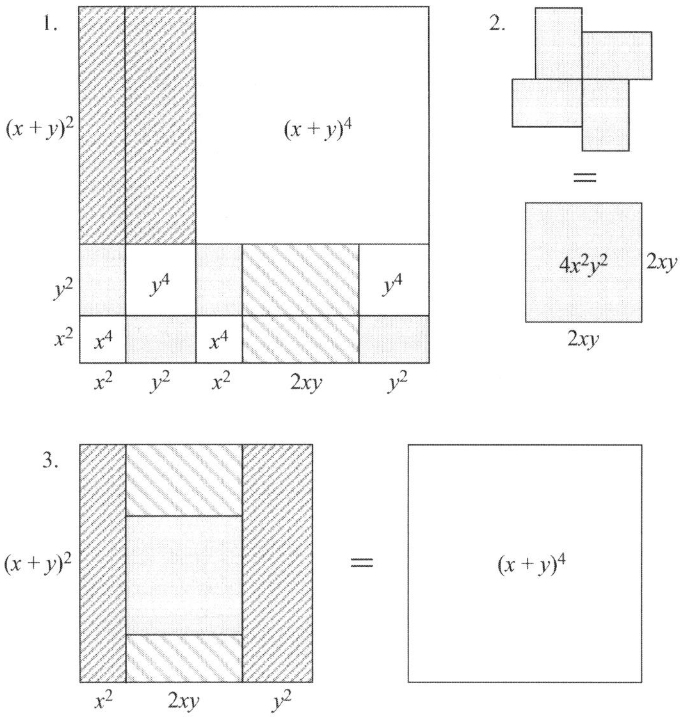

참고

캔디도는 $[F_n^{\ 2}+F_{n+1}^{\ 2}+F_{n+2}^{\ 2}]^2=2[F_n^{\ 4}+F_{n+1}^{\ 4}+F_{n+2}^{\ 4}]$ (F_n은 n번째 피보나치 수)을 보이는 데에 이 공식을 사용했다.

삼각함수, 미적분, 해석기하

Trigonometry, Calculus & Analytic Geometry

사인의 덧셈과 뺄셈정리 (사인법칙을 이용)

– 제임스 컬비(James Kirby)

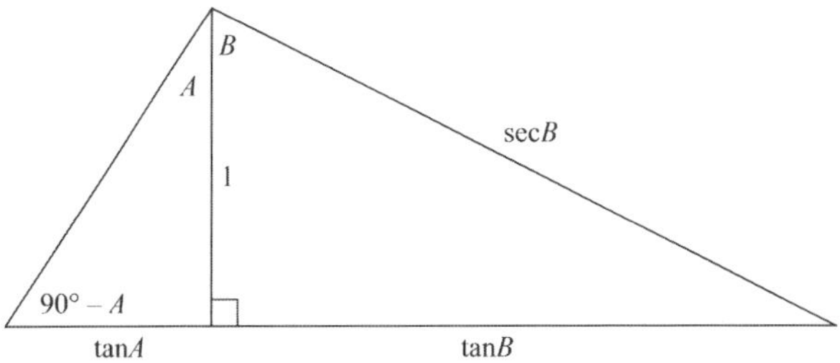

$$\frac{\sin(A+B)}{\tan A+\tan B}=\frac{\sin(90^\circ-A)}{\sec B}$$

$$\therefore \sin(A+B)=\cos A\cos B(\tan A+\tan B)$$
$$=\sin A\cos B+\cos A\sin B$$

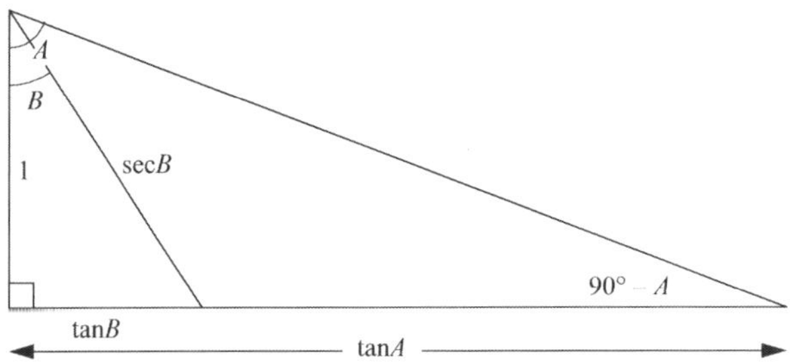

$$\frac{\sin(A-B)}{\tan A-\tan B}=\frac{\sin(90^\circ-A)}{\sec B}$$

$$\therefore \sin(A-B)=\cos A\cos B(\tan A-\tan B)$$
$$=\sin A\cos B-\cos A\sin B$$

코사인의 뺄셈정리 I

– 윌리엄 웨버(William T. Weber)와 매튜 보디(Matthew Bode)

$$\cos(\alpha-\beta)=\cos\alpha\cos\beta+\sin\alpha\sin\beta.$$

I.

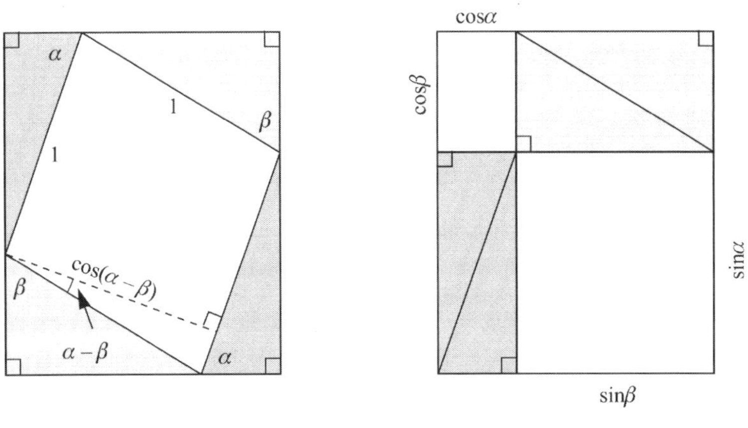

II.

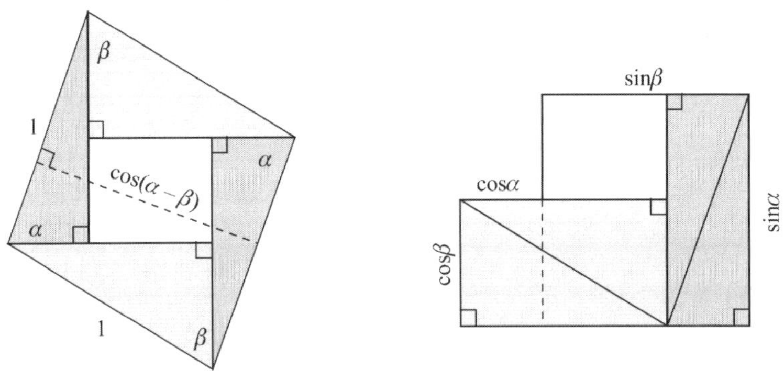

사인의 덧셈정리 Ⅳ와 코사인의 뺄셈정리 Ⅱ

– 롱 왕(Long Wang)과 데이비드 리처슨(David Richeson)

Ⅰ. $\sin(u+\nu)=\sin u\cos\nu+\sin\nu\cos u.$

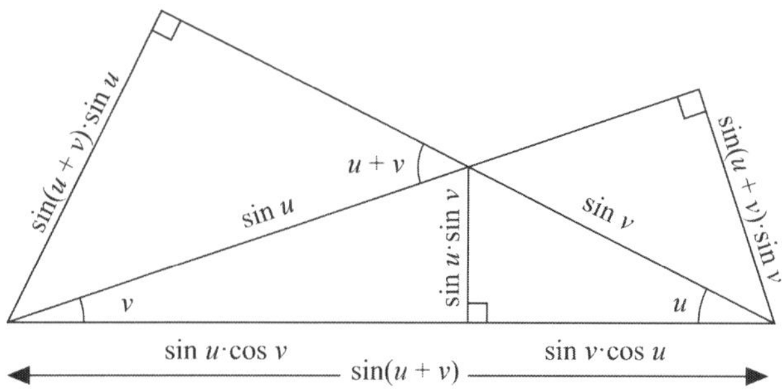

Ⅱ. $\cos(u-\nu)=\cos u\cos\nu+\cos u\cos\nu.$

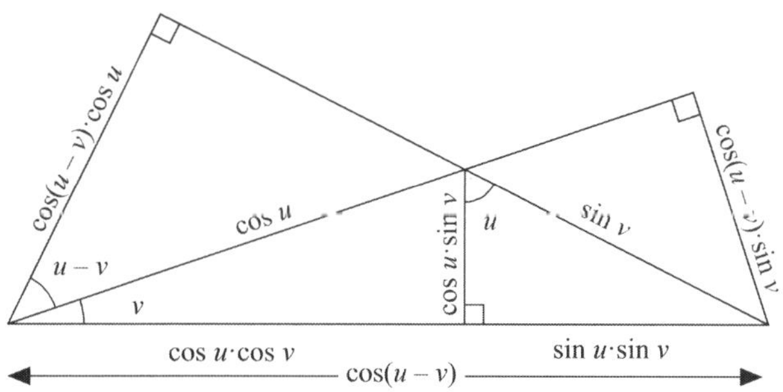

배각 공식Ⅳ

– 하산 우날(Hasan Unal)

$$\sin x = 2\sin x\cos x,\ \cos 2x = \cos^2 x - \sin^2 x$$

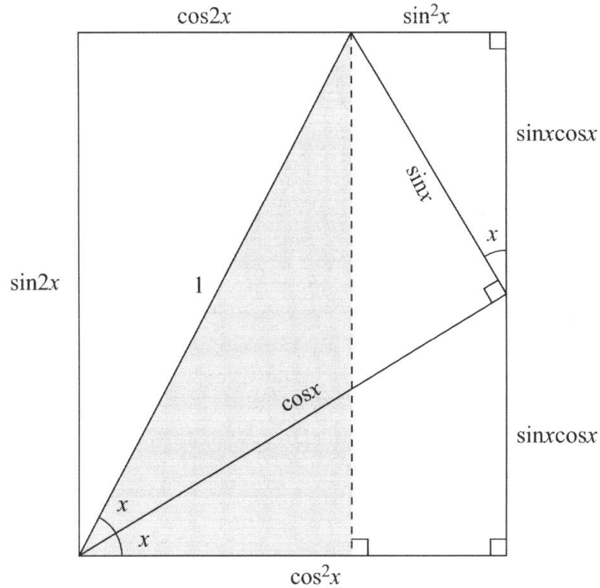

오일러의 탄젠트 반각 공식 (레온하르트 오일러, 1707—1783)

– 돈 골드버그(Don Goldberg)

$$\tan\frac{a+b}{2}=\frac{\sin\alpha+\sin\beta}{\cos\alpha+\cos\beta}$$

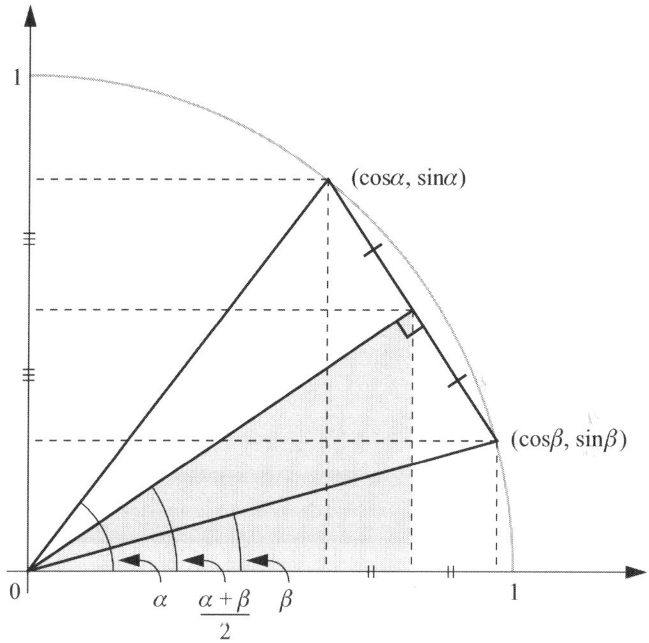

$$\tan\frac{a+b}{2}=\frac{(\sin\alpha+\sin\beta)/2}{(\cos\alpha+\cos\beta)/2}.$$

사인과 코사인의 세배각 공식 I

– 신고 오쿠다(Shingo Okuda)

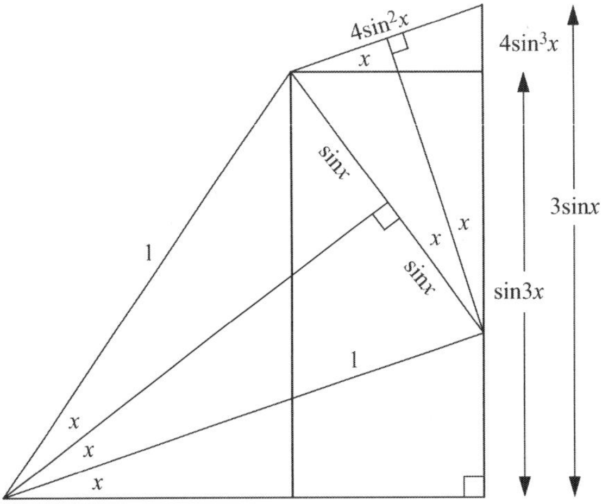

↑ $\sin 3x = 3\sin x - 4\sin^3 x$

$\cos 3x = 4\cos^3 x - 3\cos x$ →

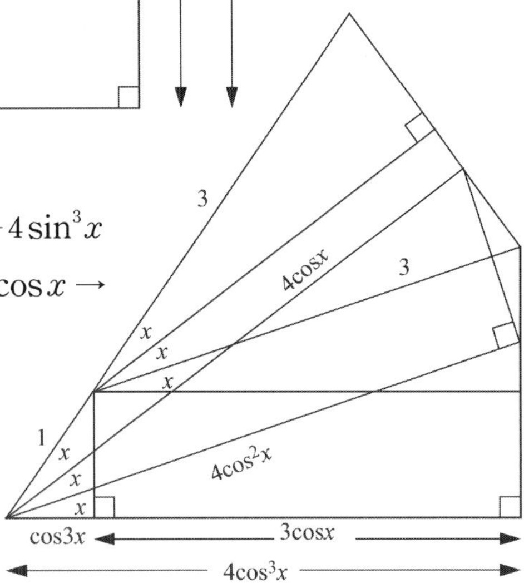

사인과 코사인의 세배각 공식 II

– 클라우디 알시나(Claudi Alsina)와 로저 넬센(Roger B. Nelsen)

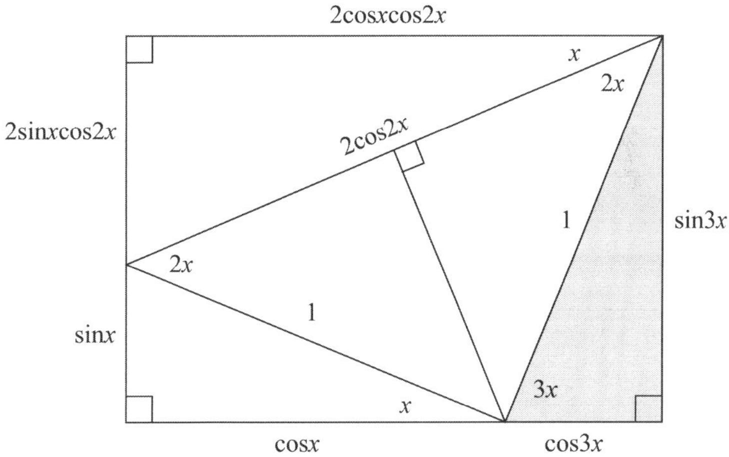

$$
\begin{aligned}
\sin 3x &= 2\sin x\cos 2x + \sin x,\\
&= 2\sin x(1-2\sin^2 x)+\sin x,\\
&= 3\sin x - 4\sin^3 x;\\
\cos 3x &= 2\cos x\cos 2x - \cos x,\\
&= 2\cos x(2\cos^2 x - 1) - \cos x,\\
&= 4\cos^3 x - 3\cos x
\end{aligned}
$$

15°와 75°의 삼각함수

– 래리 혼(Larry Hoehn)

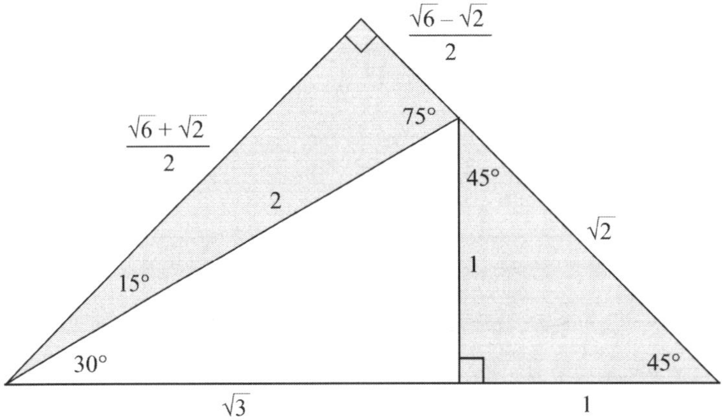

$$\sin 15^\circ = \frac{\sqrt{6}-\sqrt{2}}{4},\ \tan 75^\circ = \frac{\sqrt{6}+\sqrt{2}}{\sqrt{6}-\sqrt{2}},\ \text{등등}.$$

따름정리: 어둡게 칠해진 두 삼각형의 넓이는 ($\frac{1}{2}$로) 같다.

18°의 배수의 삼각함수

– 브라이언 브래디(Brian Bradie)

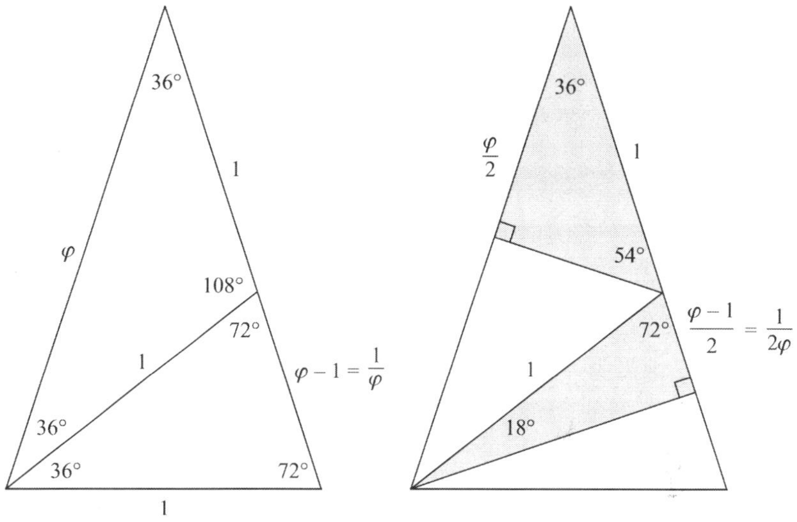

$$\frac{\varphi}{1}=\frac{1}{\varphi-1}$$

$$\varphi^2-\varphi-1=0$$

$$\varphi=\frac{\sqrt{5}+1}{2}$$

$$\sin 54^\circ=\cos 36^\circ=\frac{\varphi}{2}=\frac{\sqrt{5}+1}{4}$$

$$\sin 18^\circ=\cos 72^\circ=\frac{1}{2\varphi}=\frac{1}{\sqrt{5}+1}$$

몰바이데 공식 II

– 카를 몰바이데(Karl Brandan Mollweide, 1774–1825)

– 렉스 우(Lex H. Wu)

$$\frac{\sin((\alpha-\beta)/2)}{\cos(\gamma/2)}=\frac{a-b}{c}$$

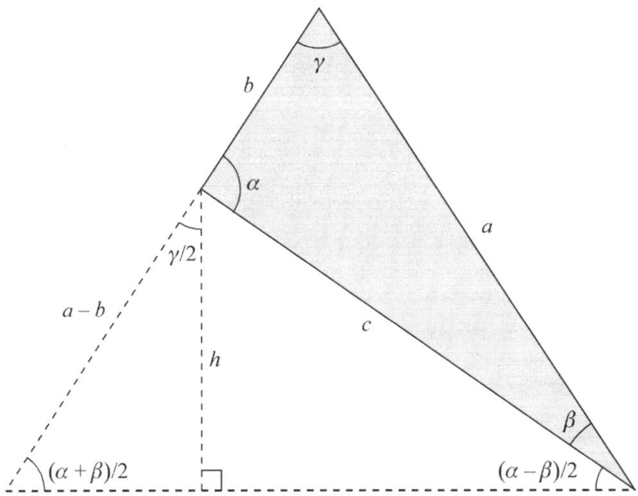

$$\frac{\sin((\alpha-\beta)/2)}{\cos(\gamma/2)}=\frac{h/c}{h/(a-b)}=\frac{a-b}{c}.$$

참고

같은 저자의 또 다른 증명은 대학수학저널*College Mathematics Journal* **32**(2001), 68–69에 있는 '무언증명 II'에 실려 있다.

뉴턴의 공식 (일반적인 삼각형에서)

– 아이작 뉴턴(Isaac Newton, 1642–1726)

$$\frac{\cos((\alpha-\beta)/2)}{\sin(\gamma/2)}=\frac{a+b}{c}$$

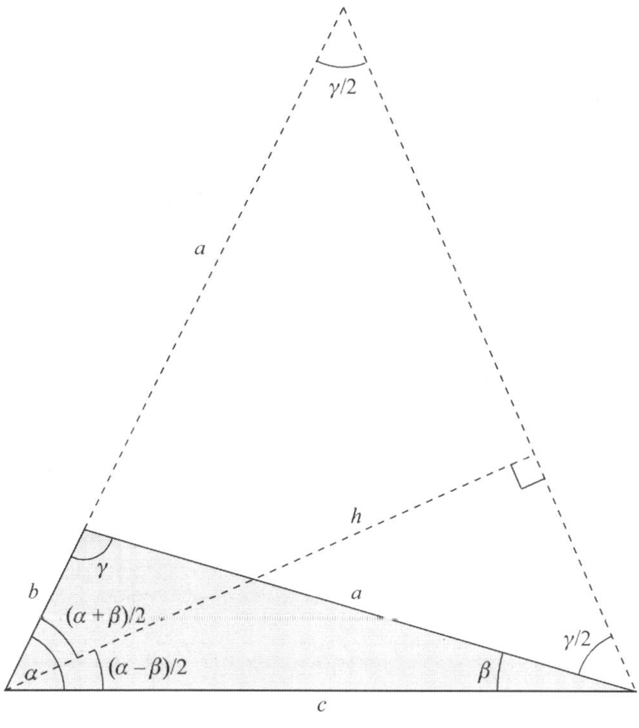

$$\frac{\cos((\alpha-\beta)/2)}{\sin(\gamma/2)}=\frac{h/c}{h/(a+b)}=\frac{a+b}{c}.$$

삼각형에서의 사인 공식

– 로저 넬센(Roger B. Nelsen)

$$x+y+z=\pi \Rightarrow 4\sin x\sin y\sin z=\sin 2x+\sin 2y+\sin 2z$$

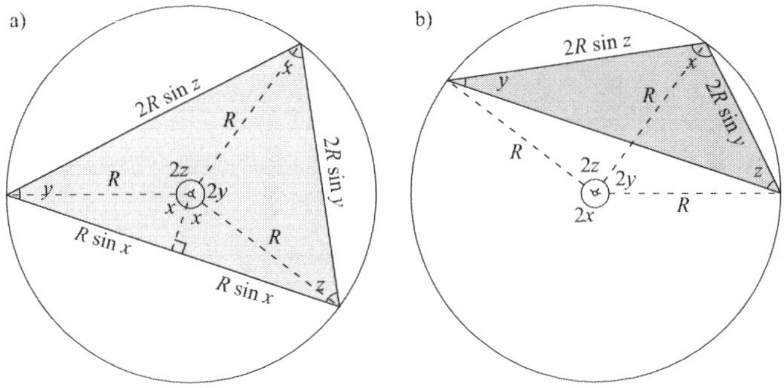

$a)\ \frac{1}{2}(2R\sin y)(2R\sin z)\sin x$

$=\frac{1}{2}R^2\sin 2x+\frac{1}{2}R^2\sin 2y+\frac{1}{2}R^2\sin 2z.$

$b)\ \frac{1}{2}(2R\sin y)(2R\sin z)\sin x$

$=\frac{1}{2}R^2\sin 2y+\frac{1}{2}R^2\sin 2z-\frac{1}{2}R^2\sin(2\pi-2x).$

참고

이 공식은 $x+y+z=\pi$를 만족하는 모든 실수 x, y, z에 대해 성립한다

여함수의 합

– 로저 넬센(Roger B. Nelsen)

$$\sin x+\cos x=\sqrt{2}\sin\left(x+\frac{\pi}{4}\right) \qquad \tan x+\cot x=2\csc(2x)$$

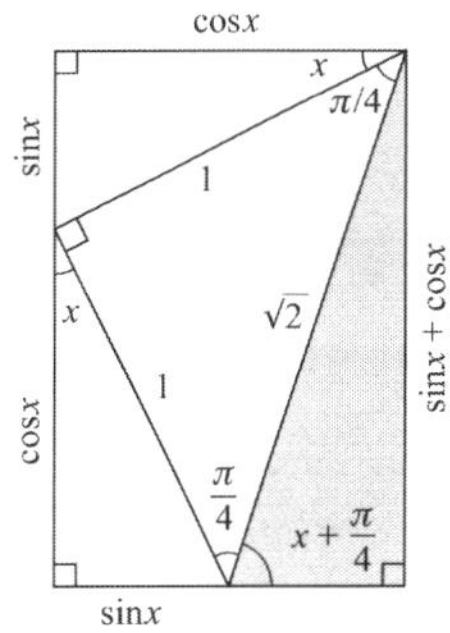

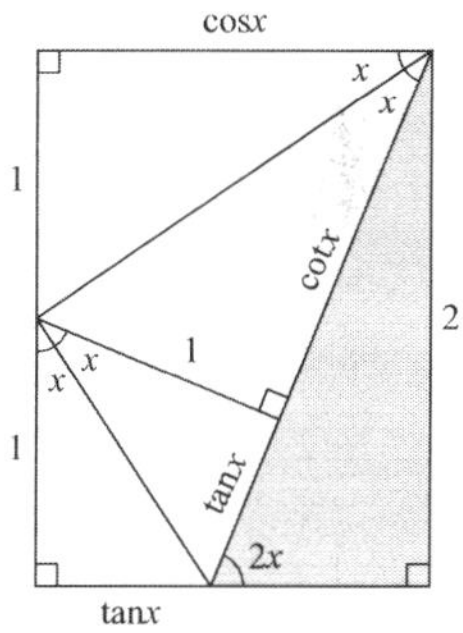

$$\csc x+\cot x=\cot(x/2)$$

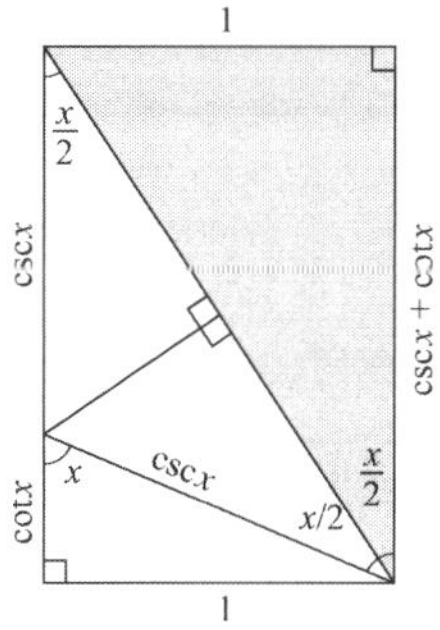

따름정리: $\cos x-\sin x=\sqrt{2}\cos(x+\pi/4)$, $\cot x-\tan x=2\cot(2x)$

탄젠트 법칙 I

– 렉스 우(Lex H. Wu)

$$\frac{\tan((\alpha-\beta)/2)}{\tan((\alpha+\beta)/2)}=\frac{a-b}{a+b}$$

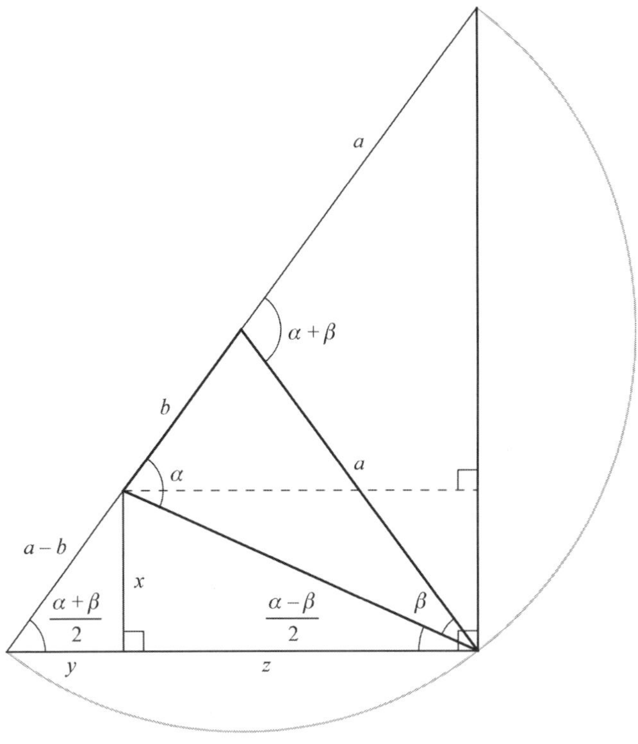

$$\frac{\tan((\alpha-\beta)/2)}{\tan((\alpha+\beta)/2)}=\frac{x/z}{x/y}=\frac{y}{z}=\frac{a-b}{a+b}.$$

탄젠트 법칙 II

– 윌리엄 체니 주니어(Wm. F. Cheney, Jr.)

$$\frac{\tan((\alpha-\beta)/2)}{\tan((\alpha+\beta)/2)}=\frac{a-b}{a+b}$$

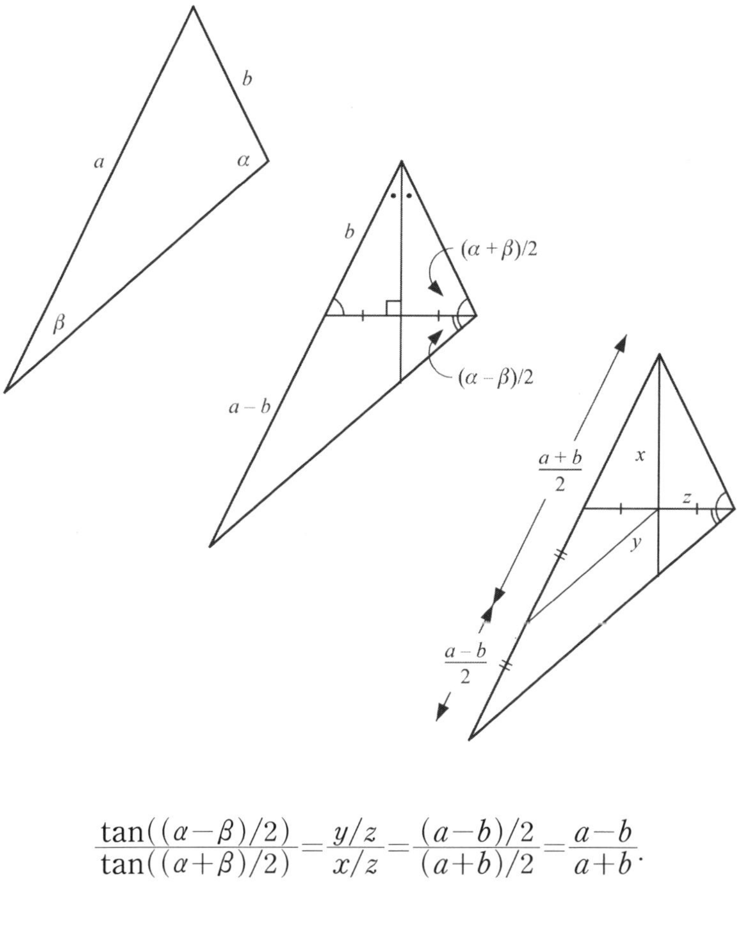

$$\frac{\tan((\alpha-\beta)/2)}{\tan((\alpha+\beta)/2)}=\frac{y/z}{x/z}=\frac{(a-b)/2}{(a+b)/2}=\frac{a-b}{a+b}.$$

$x+y=xy$의 해는?

– 로저 넬센(Roger B. Nelsen)

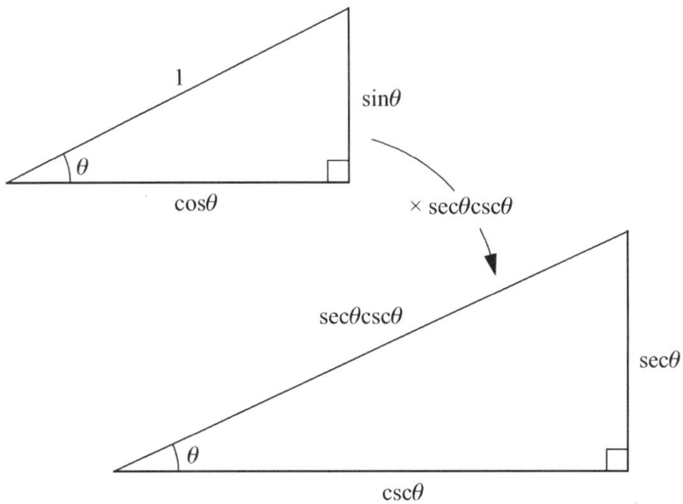

$$\sec^2\theta+\csc^2\theta=\sec^2\theta\csc^2\theta.$$

$\sec x+\tan x$에 대한 한 공식

– 로저 넬센(Roger B. Nelsen)

$$\sec x+\tan x=\tan\left(\frac{\pi}{4}+\frac{x}{2}\right)$$

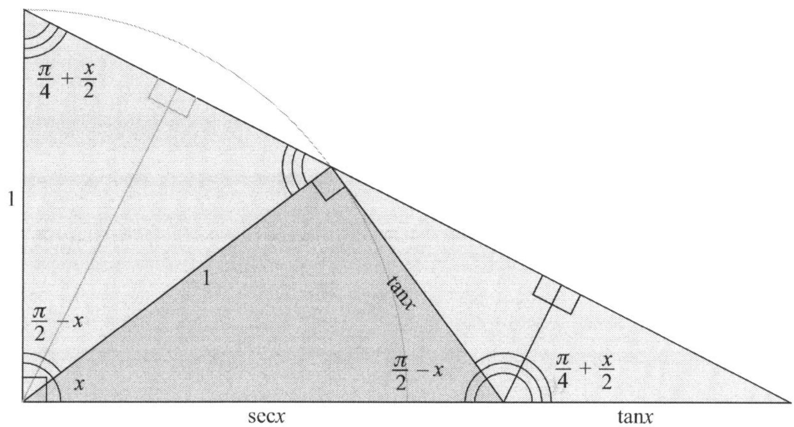

참고

$\sec x$의 부정적분에서 $\sec x+\tan x$이 등장하기 때문에 미적분을 공부한 학생들에게는 익숙한 표현일 것이다. 그런데, 사실 $sec\, x$의 부정적분은 1645년에 처음 발견되었는데 이때는

$$\int \sec x\,dx=\ln\left|\tan\left(\frac{\pi}{4}+\frac{x}{2}\right)\right|+C.$$

으로 표현되었다. 더 자세한 내용은 《수학매거진*Mathematics Magazine*》, **53** (1980), 162－166쪽에 실린 〈지리학을 수학에 응용한 예: 시컨트의 적분의 역사〉를 보라.

탄젠트의 곱의 합

– 로저 넬센(Roger B. Nelsen)

$\alpha+\beta+\gamma=\dfrac{\pi}{2}$를 만족하는 임의의 세 양수 α, β, γ에 대해

$$\tan\alpha\tan\beta+\tan\beta\tan\gamma+\tan\gamma\tan\alpha=1$$

이 성립한다.

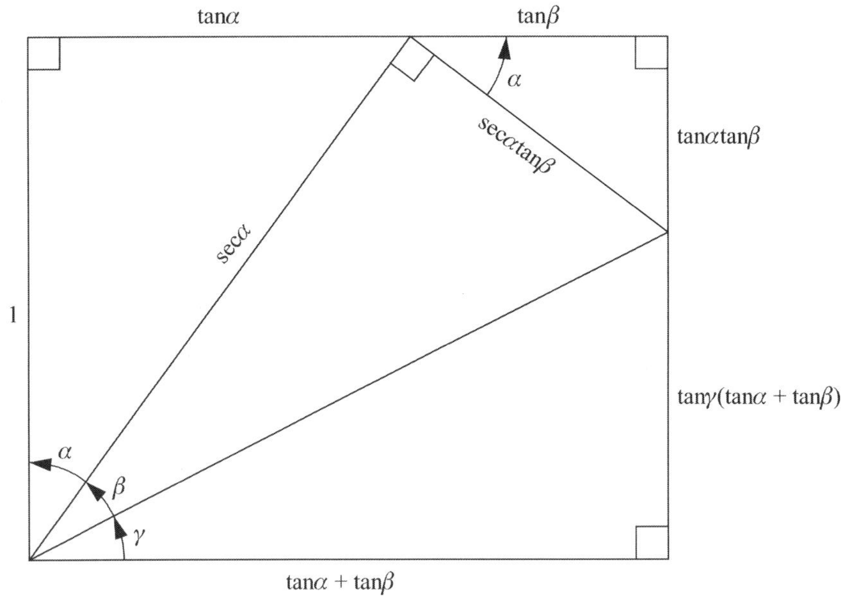

세 탄젠트의 합과 곱

– 로저 넬센(Roger B. Nelsen)

예각삼각형의 세 내각을 α, β, γ라 하면,

$$\tan\alpha+\tan\beta+\tan\gamma=\tan\alpha\tan\beta\tan\gamma.$$

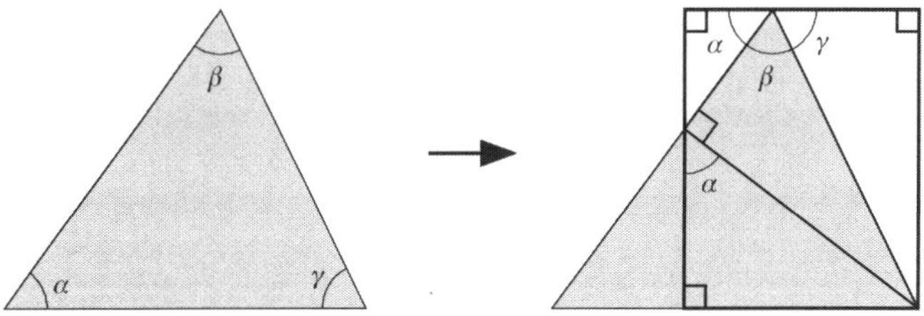

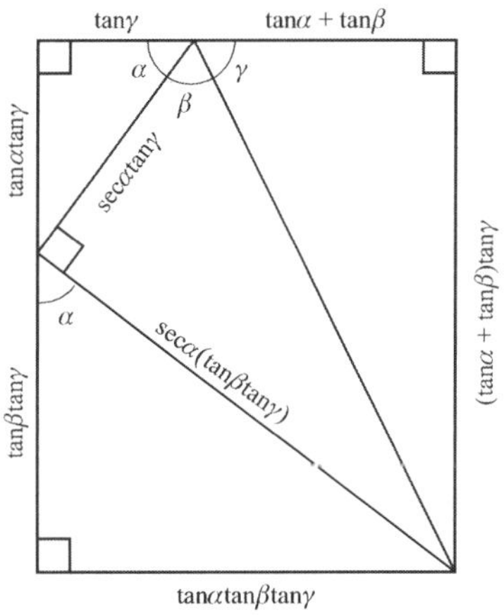

참고

위 식은 합이 π이며 어떤 수도 $\frac{\pi}{2}$의 배수가 아닌 임의의 세 수 α, β, γ에 대해 성립한다.

탄젠트의 곱

– 로저 넬센(Roger B. Nelsen)

$$\tan(\pi/4+\alpha)\cdot\tan(\pi/4-\alpha)=1$$

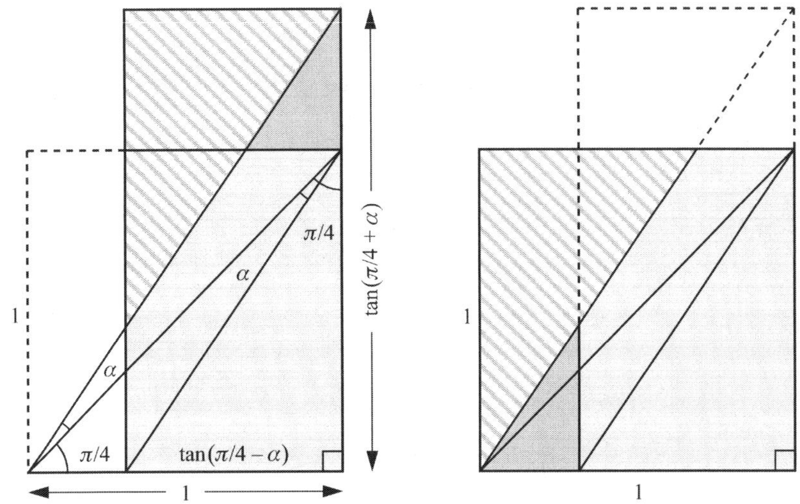

역탄젠트의 합 I

- 제프리 캔달(Geoffrey A. Kandall)
- 로저 넬센(Roger B. Nelsen)

$$0<m<n \Rightarrow \arctan\left(\frac{m}{n}\right)+\arctan\left(\frac{n-m}{n+m}\right)=\frac{\pi}{4}$$

Ⅰ.

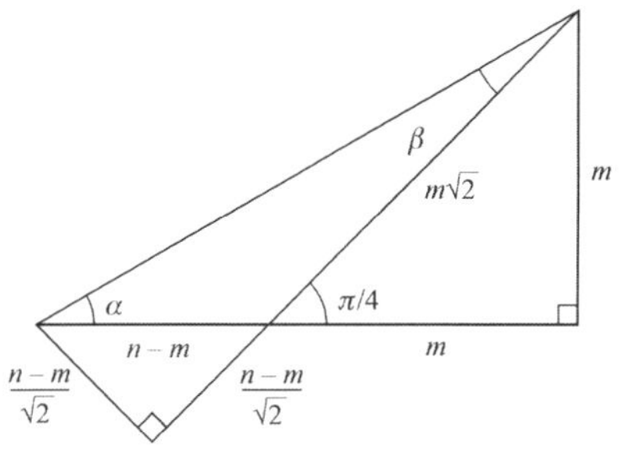

$$\alpha=\tan^{-1}\left(\frac{m}{n}\right),\ \beta=\tan^{-1}\left(\frac{(n-m)/\sqrt{2}}{(n-m)/\sqrt{2}+m\sqrt{2}}\right)=\tan^{-1}\left(\frac{n-m}{n+m}\right)$$

$\alpha+\beta=\pi/4$

Ⅱ.

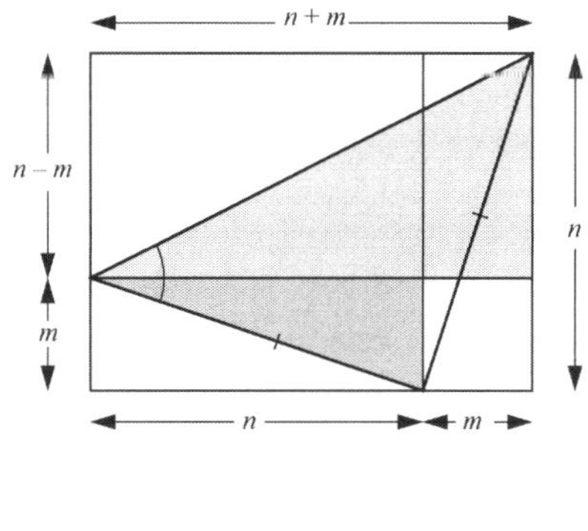

한 그림에 담은 역탄젠트 공식 다섯 개

– 렉스 우(Lex H. Wu)

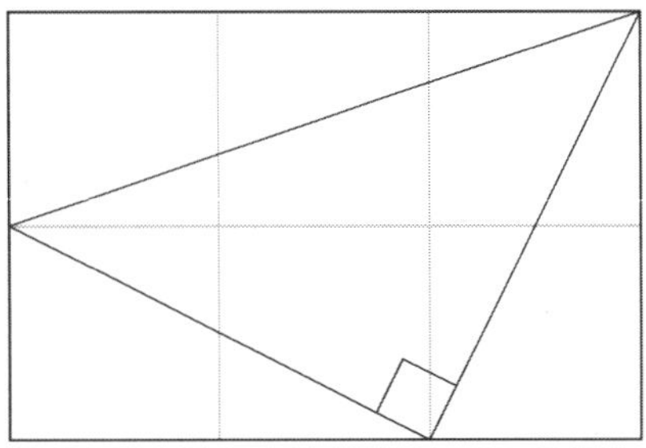

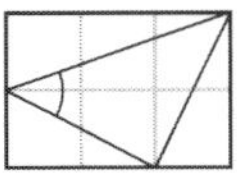

$$\frac{\pi}{4}=\arctan\left(\frac{1}{2}\right)+\arctan\left(\frac{1}{3}\right)$$

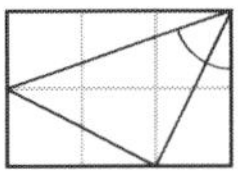

$$\frac{\pi}{4}=\arctan(3)-\arctan\left(\frac{1}{2}\right)$$

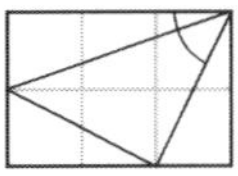

$$\frac{\pi}{4}=\arctan(2)-\arctan\left(\frac{1}{3}\right)$$

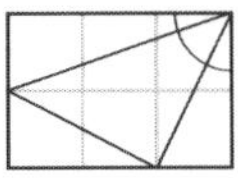

$$\frac{\pi}{2}=\arctan(1)+\arctan\left(\frac{1}{1}\right)+\arctan\left(\frac{1}{3}\right)$$

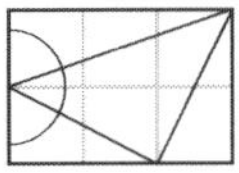

$$\pi=\arctan(1)+\arctan(1)+\arctan(3)$$

허턴과 스트라스니츠키 공식

– 로저 넬센(Roger B. Nelsen)

허턴의 공식: $\dfrac{\pi}{4}=2\arctan\dfrac{1}{3}+\arctan\dfrac{1}{7}$ (1)

스트라스니츠키 공식: $\dfrac{\pi}{4}=\arctan\dfrac{1}{2}+\arctan\dfrac{1}{5}+\arctan\dfrac{1}{8}$ (2)

증명

(1)

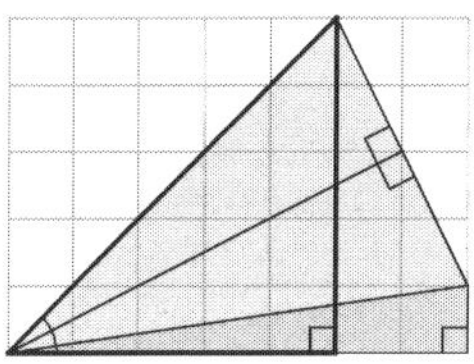

(2)

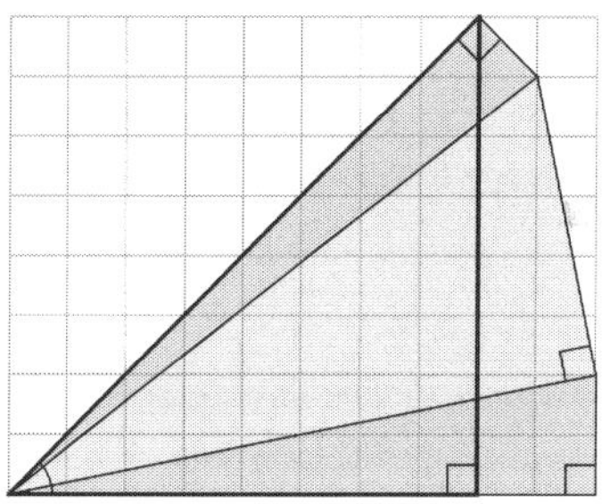

참고

찰스 허턴은 1776년에 (1)을 발표했다. 1789년에 게오르그 폰 베가가 (1)과 그레고리의 역탄젠트 급수를 이용해서 π의 근삿값을 소수점 아래 143자리까지 구했는데, 126자리까지 정확한 값이었다. 1884년에 슐츠 폰 스트라스니츠키는 (2)를 자카리아 다제에게 알려줬고, 이후 그는 이를 이용해서 π의 근삿값을 소수점 아래 200자리까지 정확하게 구했다.

역탄젠트 공식

– P.D. 베리(P.D. Barry)

$$\arctan(x+\sqrt{1+x^2})=\frac{\pi}{4}+\frac{1}{2}\arctan x$$

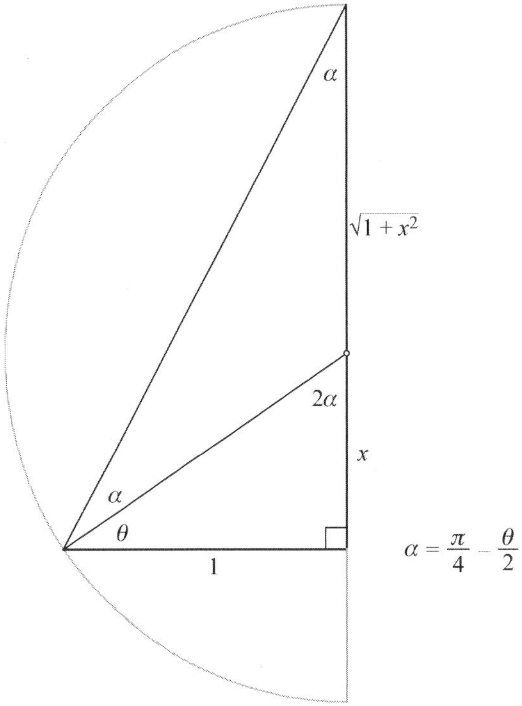

오일러의 역탄젠트 공식

– 렉스 우(Lex H. Wu)

$$\arctan\left(\frac{1}{x}\right)=\arctan\left(\frac{1}{x+y}\right)+\arctan\left(\frac{y}{x^2+xy+1}\right)$$

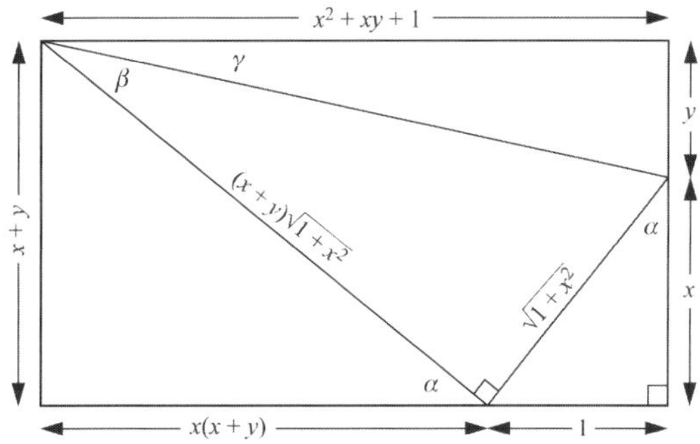

$$\alpha=\beta+\gamma.$$

참고

이 식은 레온하르트 오일러가 발견한 수많은 우아한 역탄젠트 공식 중 하나다. 그는 π를 계산하는 데 이를 이용했다.

$x=y=1$이면 마친의 공식 비슷한 '$\frac{\pi}{4}=arc\tan\left(\frac{1}{2}\right)+arc\tan\left(\frac{1}{3}\right)$'을 얻는다.

$x=2,\ y=1$이면 '$arc\tan\left(\frac{1}{2}\right)=arc\tan\left(\frac{1}{3}\right)+arc\tan\left(\frac{1}{7}\right)$'이 된다.

이 식을 앞 식에 대입하면 허턴의 공식인 '$\frac{\pi}{4}=2\,arc\tan\left(\frac{1}{3}\right)+arc\tan\left(\frac{1}{7}\right)$'을 얻는다. 1847년 클라우센이 π의 근삿값을 소수점 아래 248자리까지 구할 때 허턴의 공식과 역탄젠트 함수의 급수를 이용해서 검산했다.

$a\cos t+b\sin t$의 최대 최소

– 바얏(M. Bayat), 하사니(M. Hassani)와 테이무리(H. Teimoori)

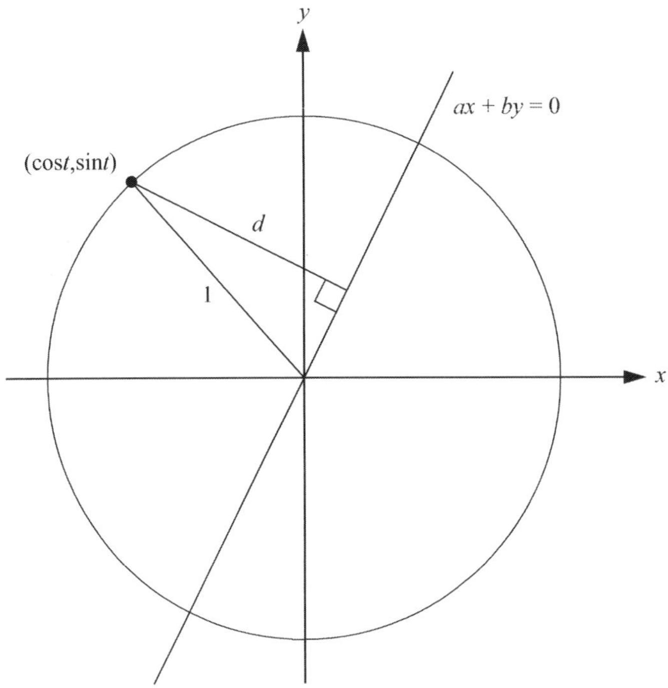

$$d\le 1 \Rightarrow \frac{|a\cos t+b\sin t|}{\sqrt{a^2+b^2}}\le 1$$

$$-\sqrt{a^2+b^2}\le a\cos t+b\sin t\le\sqrt{a^2+b^2}$$

최소 넓이 문제

– 도널드 하티그(Donald Hartig)

1사분면 위의 점 (a, b)를 지나는 직선과 x축, y축으로 이뤄진 삼각형의 넓이 K가 최소일 때의 직선의 방정식을 구하시오.

풀이

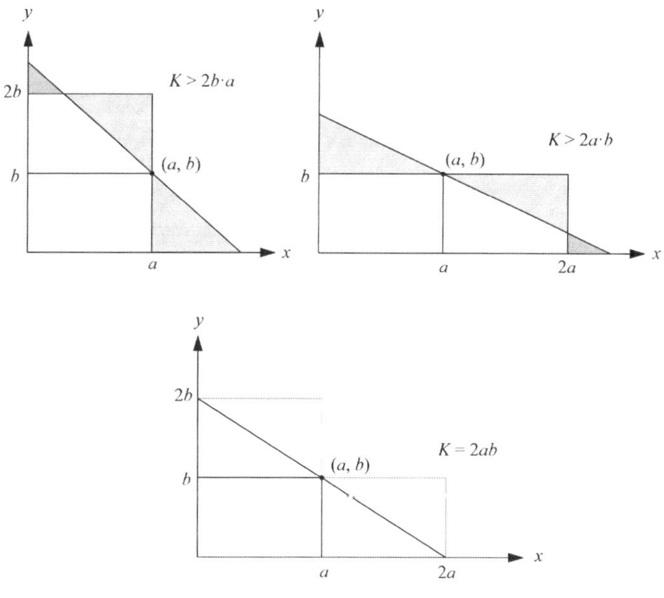

$$\frac{x}{a}+\frac{y}{a}=2.$$

사인의 도함수

– 도널드 하티그(Donald Hartig)

$$\frac{d}{d\theta}\sin\theta=\cos\theta$$

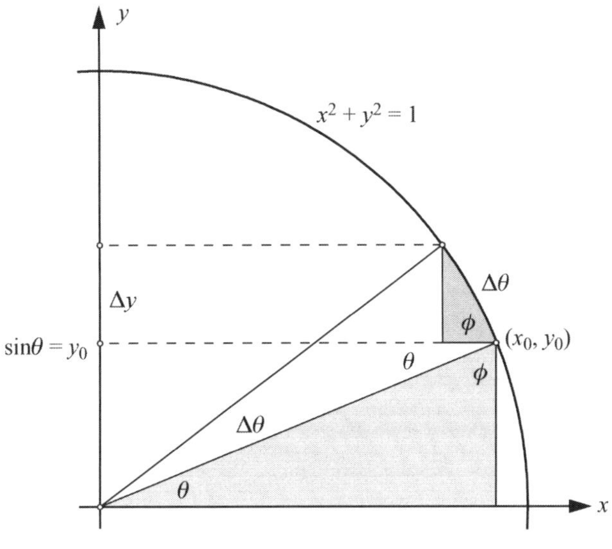

$$\frac{dy}{d\theta}\cong\frac{\Delta y}{\Delta\theta}=\frac{x_0}{1}=\sin\phi=\cos\theta.$$

탄젠트의 도함수

– 유키오 고바야시(Yukio Kobayashi)

$$\frac{d}{d\theta}\tan\theta = \sec^2\theta$$

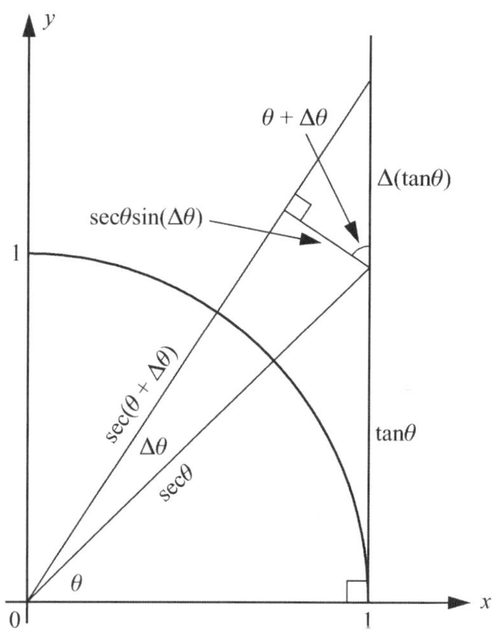

$$\frac{\sec(\theta+\Delta\theta)}{1} = \frac{\Delta(\tan\theta)}{\sec\theta\sin(\Delta\theta)}$$

$$\frac{\Delta(\tan\theta)}{\Delta\theta} = \sec\theta\sec(\theta+\Delta\theta)\frac{\sin(\Delta\theta)}{\Delta\theta}$$

$$\therefore \frac{d(\tan\theta)}{d\theta} = \sec^2\theta$$

그래프로 계산한 극한값 II

– F. 아자르파나(F. Azarpanah)

$$\sqrt{2}^{\sqrt{2}^{\sqrt{2}^{\sqrt{2}^{\cdot^{\cdot^{\cdot}}}}}} = 2$$

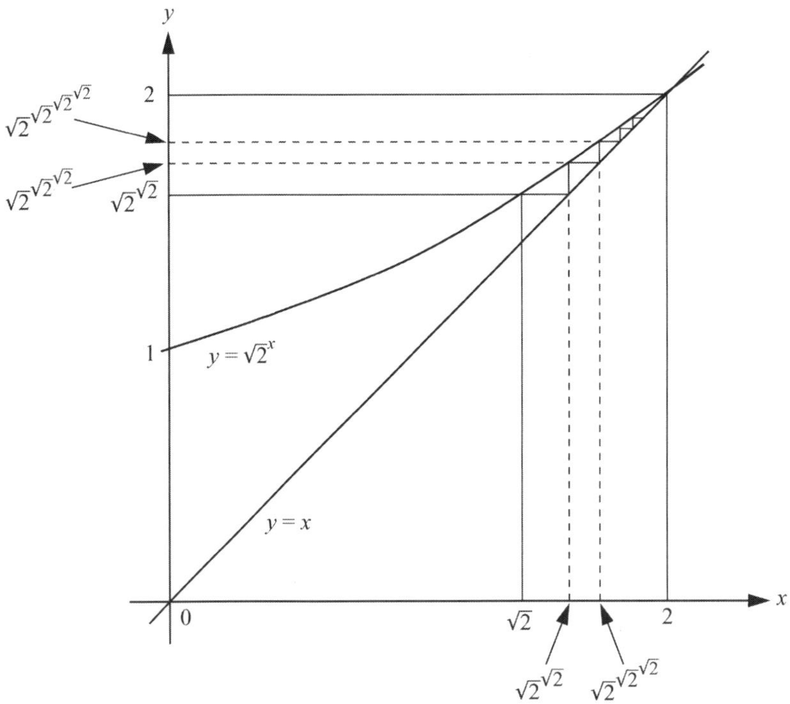

어떤 수와 그 역수의 로그값

– 빈센트 페르리니(Vincent Ferlini)

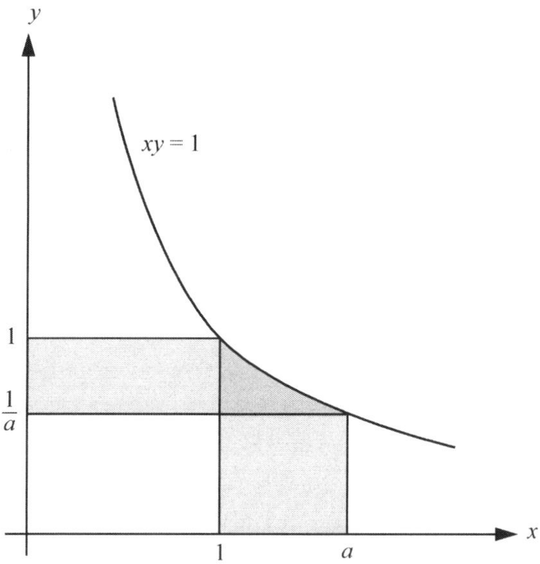

$$\int_{1/a}^{1} \frac{1}{y}\, dy = \int_{1}^{a} \frac{1}{x}\, dx$$

$$-\ln\frac{1}{a} = \ln a$$

쌍곡선 아래 넓이가 같은 두 부분

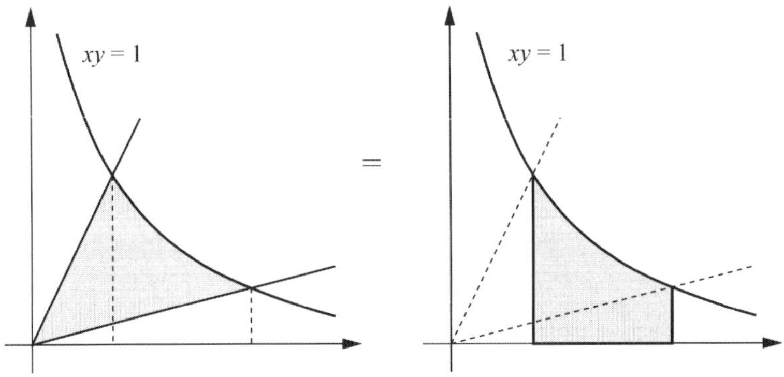

증명

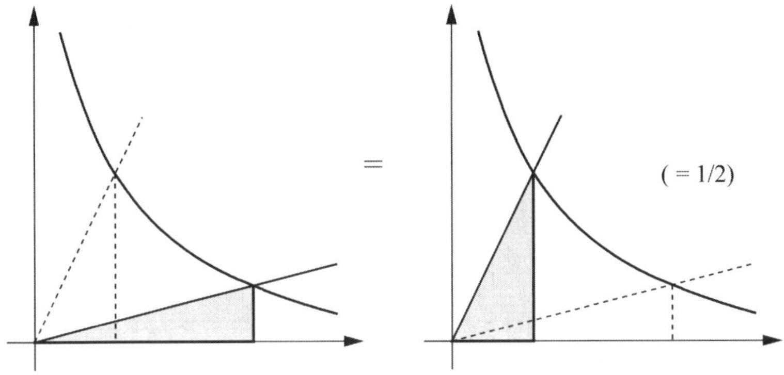

바이어슈트라스의 치환 II
— 카를 테오도어 빌헬름 바이어슈트라스, 1815—1897

— 시드니 쿵(Sidney H. Kung)

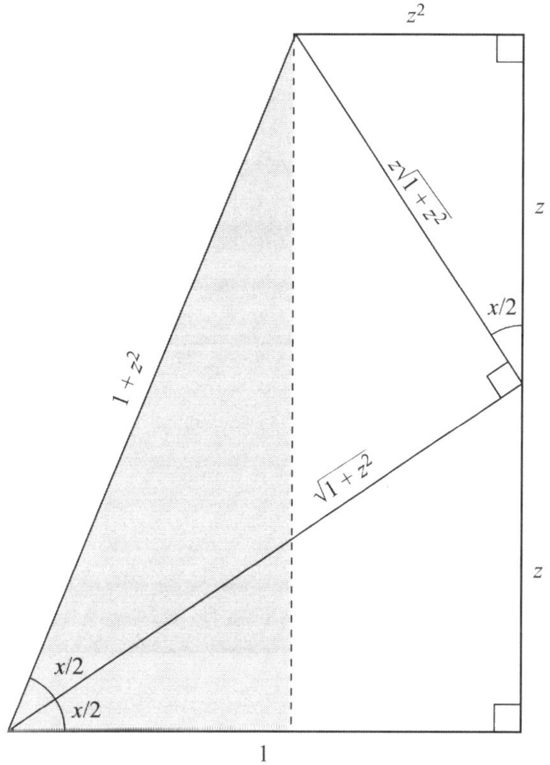

$$z=\tan\frac{x}{2} \Rightarrow \sin x=\frac{2z}{1+z^2},\ \cos x=\frac{1-z^2}{1+z^2}$$

엄마, 치환하지 마!

– 마크 챔버랜드(Marc Chamberland)

$$\int_a^1 \sqrt{1-x^2}\,dx = \frac{\cos^{-1}a}{2} - \frac{a\sqrt{1-a^2}}{2},\ a \in [-1,\ 1]$$

Ⅰ. $a \in [-1,\ 0]$

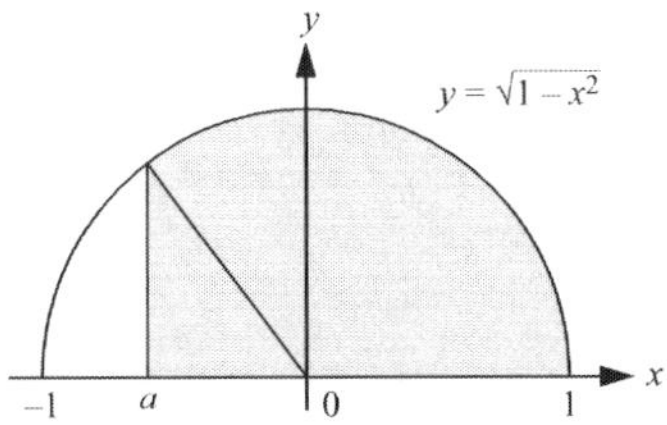

$$\int_a^1 \sqrt{1-x^2}\,dx = \frac{\cos^{-1}a}{2} + \frac{-a\sqrt{1-a^2}}{2}$$

Ⅱ. $a \in [0,\ 1]$

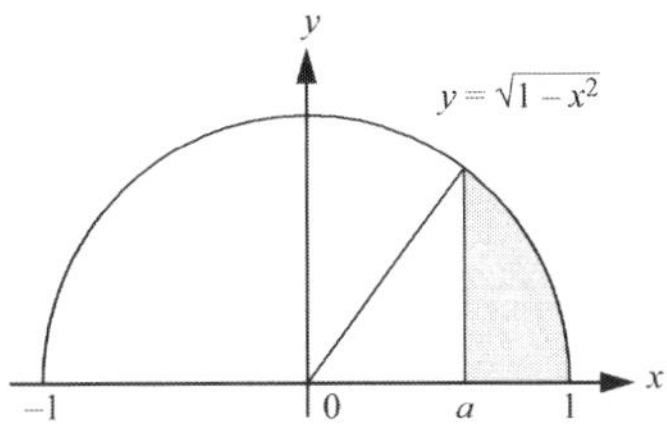

$$\int_a^1 \sqrt{1-x^2}\,dx = \frac{\cos^{-1}a}{2} - \frac{a\sqrt{1-a^2}}{2}$$

자연로그의 적분

- 로저 넬센(Roger B. Nelsen)

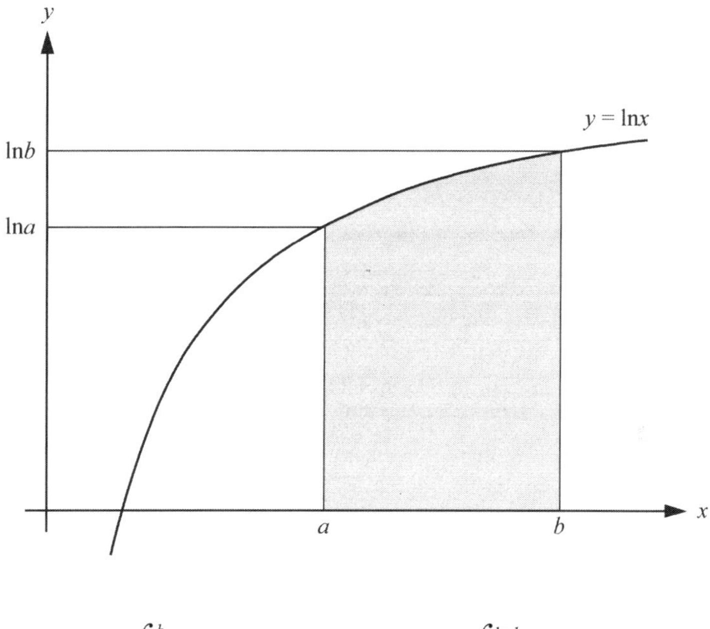

$$\int_a^b \ln x\,dx = b\ln b - a\ln a - \int_{\ln a}^{\ln b} e^y\,dy$$
$$= x\ln x\,|_a^b - (b-a)$$
$$= (x\ln x - x)\,|_a^b$$

$\cos^2\theta$와 $\sin^2\theta$의 적분

– 닉 로드(Nick Lord)

Ⅰ. $\int \cos^2\theta\, d\theta = \frac{1}{2}\theta + \frac{1}{4}\sin 2\theta$

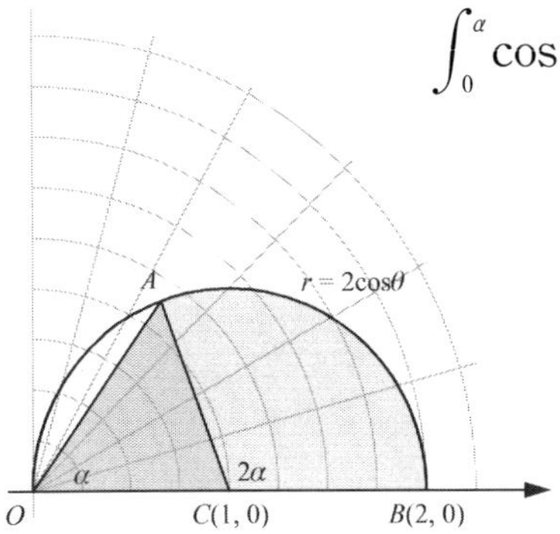

$$\int_0^{\alpha} \cos^2\theta\, d\theta = \frac{1}{2}\int_0^{\alpha} \frac{1}{2}r^2\, d\theta$$

$=\frac{1}{2}$($\triangle OAC$의 넓이

+부채꼴 ACB의 넓이)

$$=\frac{1}{2}\left(\frac{1}{2}\cdot 1\cdot \sin 2\alpha + \frac{1}{2}\cdot 1^2\cdot 2\alpha\right)$$

$$=\frac{1}{2}\alpha + \frac{1}{4}\sin 2\alpha$$

Ⅱ. $\int \sec^2\theta\, d\theta = \tan\theta$

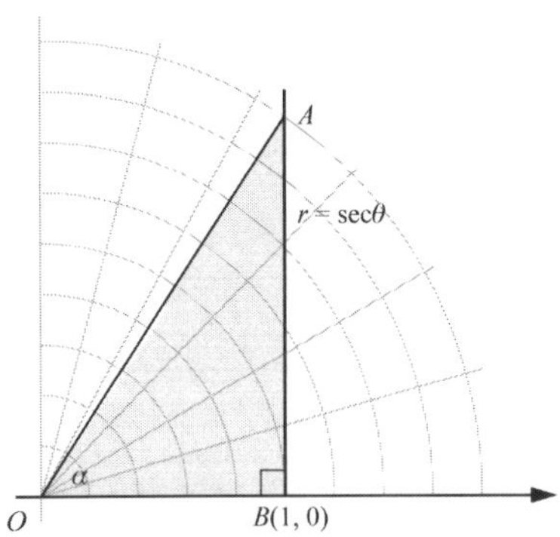

$$\int_0^{\alpha} \sec^2\theta\, d\theta$$

$$=2\int_0^{\alpha} \frac{1}{2}r^2\, d\theta$$

$=2$($\triangle OBA$의 넓이)

$$=2\left(\frac{1}{2}\cdot 1\cdot \tan\alpha\right)$$

$$=\tan\alpha$$

부분 분수

– 스티븐 키포위트(Steven J. Kifowit)

$$\frac{1}{n(n+1)}=\frac{1}{n}-\frac{1}{n+1}$$

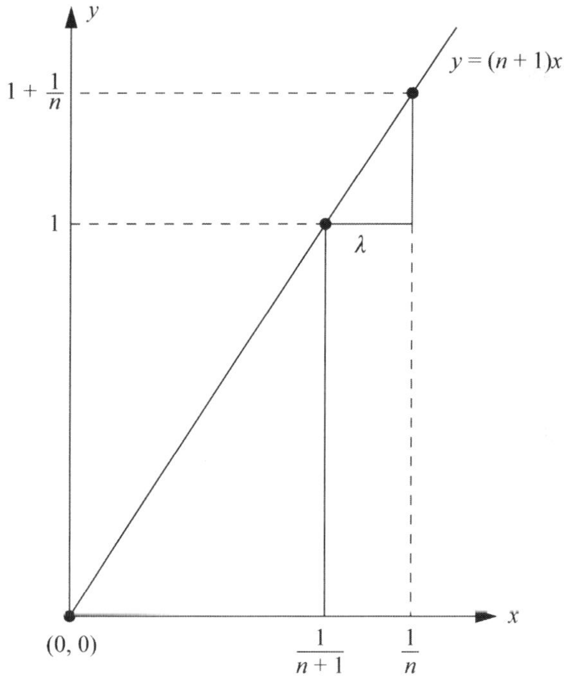

$$\lambda=\frac{1}{n}-\frac{1}{n+1},\ \frac{1/(n+1)}{1}=\frac{\lambda}{1/n}\Rightarrow\frac{1}{n}-\frac{1}{n+1}=\frac{1}{n}\cdot\frac{1}{n+1}.$$

적분의 변환

– 시드니 쿵(Sidney H. Kung)

$$\int_a^b f(x)dx = \int_a^b f(a+b-x)dx = \int_a^{(a+b)/2} (f(x)+(a+b-x))dx$$
$$= \int_{(a+b)/2}^b (f(x)+f(a+b-x))dx$$

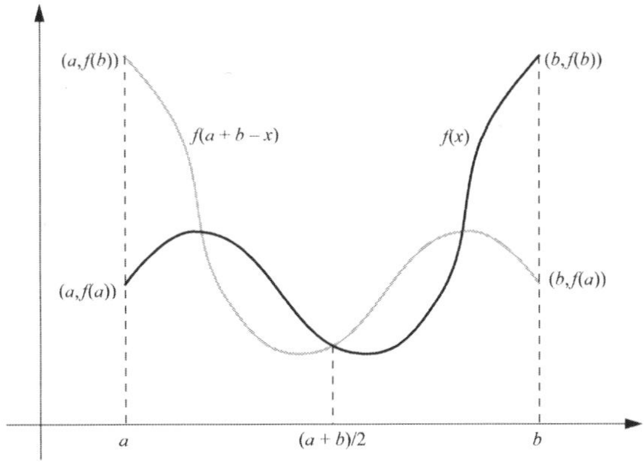

예

$$\int_0^{\pi/4} \ln(1+\tan x)dx = \int_0^{\pi/8} (\ln(1+\tan x)+\ln(\pi/4-x))dx$$
$$= \int_0^{\pi/8} \left(\ln(1+\tan x)+\ln\left(1+\frac{1-\tan x}{1+\tan x}\right)\right)dx$$
$$= \int_0^{\pi/8} \ln 2\, dx = \frac{\pi}{8}\ln 2$$

연습문제 (a) $\int_0^{\pi/2} \frac{dx}{1+\tan^a x} = \frac{\pi}{4}$; (b) $\int_{-1}^1 \arctan(e^x)dx = \frac{\pi}{2}$;

(c) $\int_0^4 \frac{dx}{4+2^x} = \frac{1}{2}$; (d) $\int_0^{2\pi} \frac{dx}{1+e^{\sin x}} = \pi$.

부등식

Inequalities

산술－기하평균 부등식Ⅶ

－ 에드윈 베켄바흐(Edwin Beckenbach)와 리처드 벨먼(Richard Bellman)
－ 알피니오 플로레스(Alfinio Flores)

$$a,\ b>0 \Rightarrow \frac{a+b}{2} \geq \sqrt{ab}$$

Ⅰ.

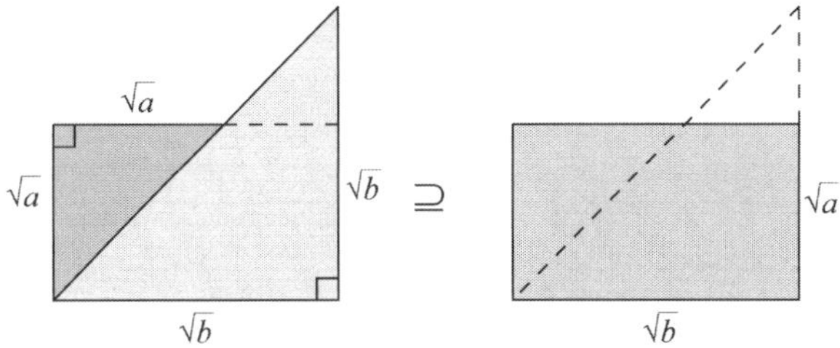

$$\frac{a}{2}+\frac{b}{2} \geq \sqrt{ab}.$$

Ⅱ.

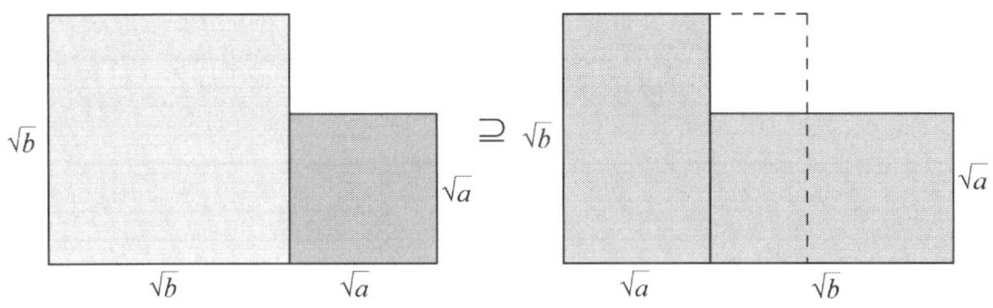

$$a+b \geq 2\sqrt{ab}.$$

산술 – 기하평균 부등식Ⅷ (삼각함수를 이용)

– 로저 넬센(Roger B. Nelsen)

Ⅰ. $x \in (0,\ \pi/2) \Rightarrow \tan x + \cot x \geq 2.$

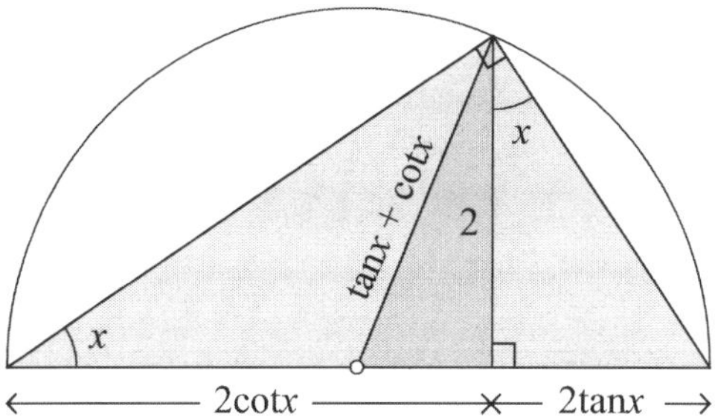

Ⅱ. $a,\ b > 0 \Rightarrow \dfrac{a+b}{2} \geq \sqrt{ab}.$

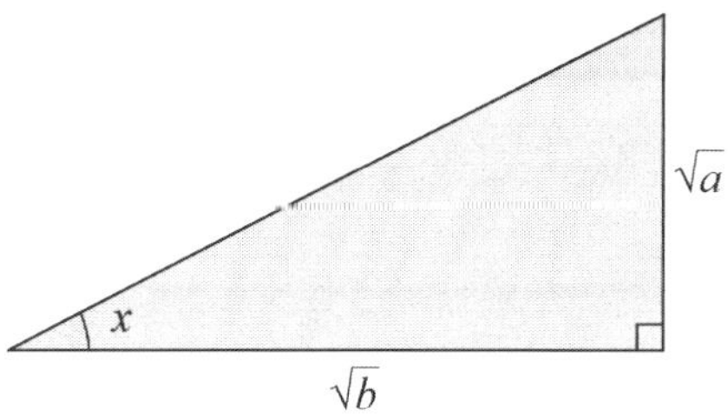

$$\frac{\sqrt{a}}{\sqrt{b}} + \frac{\sqrt{b}}{\sqrt{a}} \geq 2 \Rightarrow \frac{a+b}{2} \geq \sqrt{ab}.$$

산술평균 – 제곱평균제곱근 부등식

– 후안–보스코 로메로 마르케스(Juan–Bosco Romero Márquez)

$$a,\ b \geq 0 \Rightarrow \frac{a+b}{2} \leq \sqrt{\frac{a^2+b^2}{2}}$$

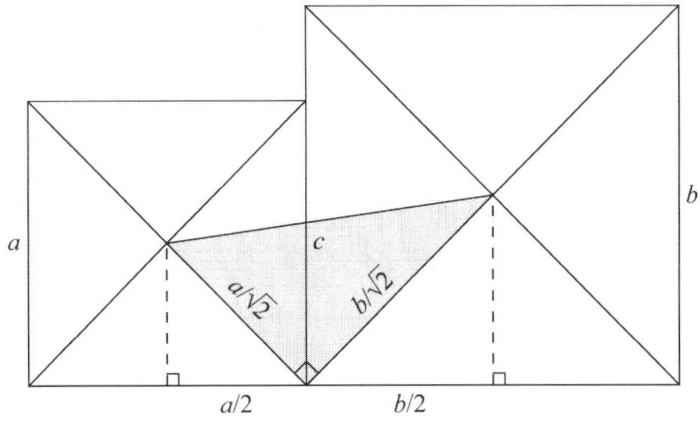

$$c^2 = \left(\frac{a}{\sqrt{2}}\right)^2 + \left(\frac{b}{\sqrt{2}}\right)^2 = \frac{a^2}{2} + \frac{b^2}{2},$$

$$\frac{a}{2} + \frac{b}{2} \leq c \Rightarrow \frac{a+b}{2} \leq \sqrt{\frac{a^2+b^2}{2}}.$$

코시-슈바르츠 부등식Ⅱ(파푸스의 정리*를 이용)

- 코시(Augustin-Louis Cauchy, 1789-1857), 슈바르츠(Hermann Amandus Schwarz, 1843-1921)
- 클라우디 알시나(Claudi Alsina)

$$|ax+by| \le \sqrt{a^2+b^2}\sqrt{x^2+y^2}$$

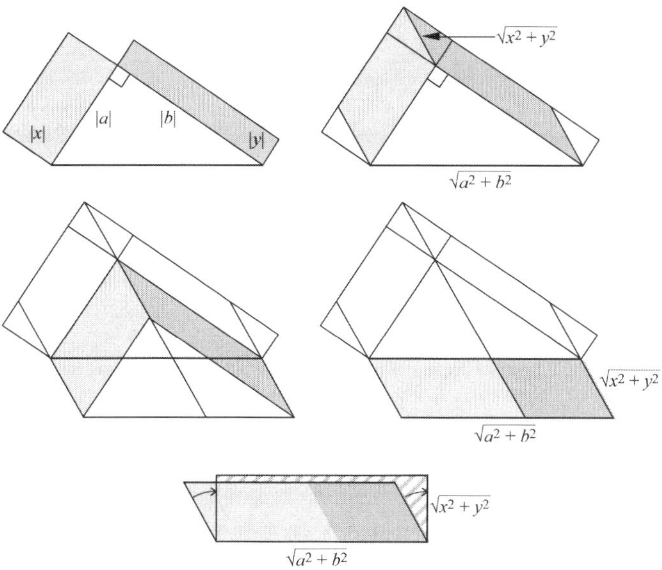

$$|ax+by| \le |a||x|+|b||y| \le \sqrt{a^2+b^2}\sqrt{x^2+y^2}.$$

*15쪽 참조

코시-슈바르츠 부등식Ⅲ

– 로저 넬센(Roger B. Nelsen)

$$|ax+by| \le \sqrt{a^2+b^2}\sqrt{x^2+y^2}$$

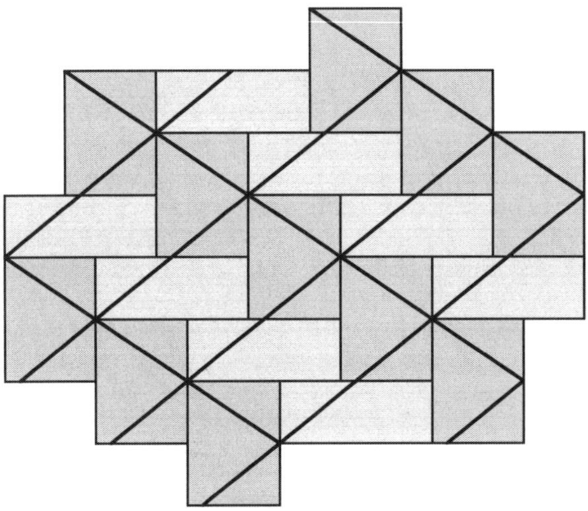

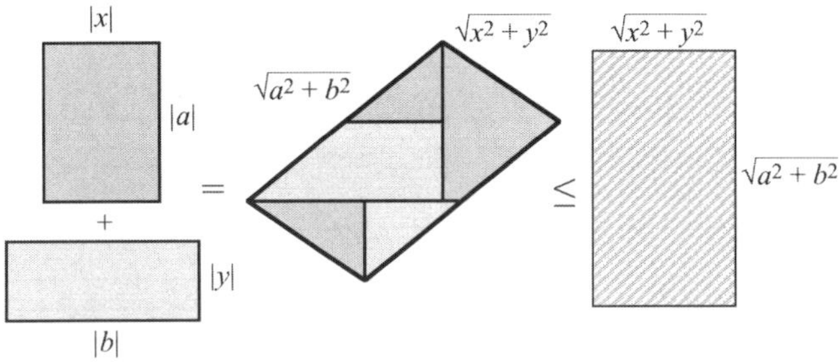

$$|ax+by| \le |a||x|+|b||y| \le \sqrt{a^2+b^2}\sqrt{x^2+y^2}.$$

코시-슈바르츠 부등식Ⅳ

- 시드니 쿵(Sidney H. Kung)

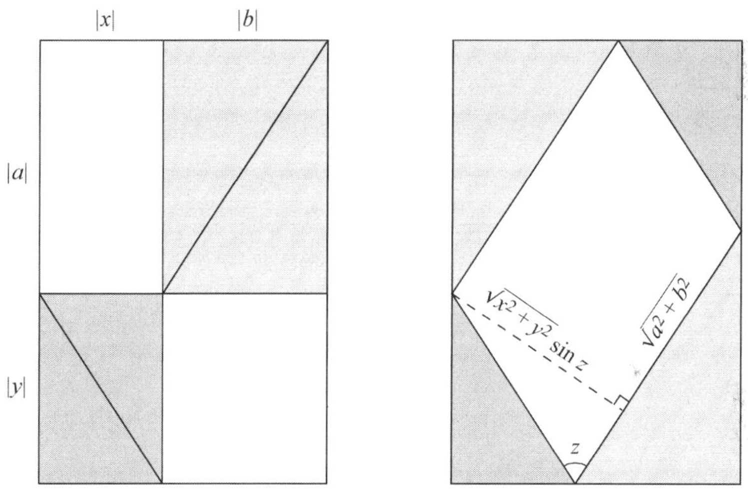

$$|a||x|+|b||y|=\sqrt{a^2+b^2}\sqrt{x^2+y^2}\sin z$$

$$\Rightarrow |\langle a, b\rangle\cdot\langle x, y\rangle| \le \|\langle a, b\rangle\|\|\langle x, y\rangle\|$$

코시-슈바르츠 부등식 V

– 클라우디 알시나(Claudi Alsina)와 로저 넬센(Roger B. Nelsen)

$$|ax+by| \le \sqrt{a^2+b^2}\sqrt{x^2+y^2}$$

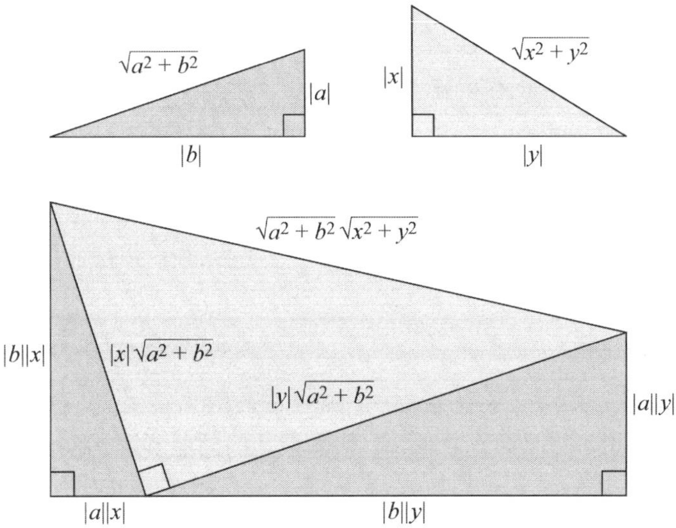

$$|ax+by| \le |a|\,|x|+|b|\,|y| \le \sqrt{a^2+b^2}\sqrt{x^2+y^2}.$$

직각삼각형의 내접원과 외접원의 반지름에 대한 부등식

직각삼각형의 내접원의 반지름을 r, 외접원의 반지름을 R, 넓이를 K라 하면

Ⅰ. $R+r \geq \sqrt{2K}$.

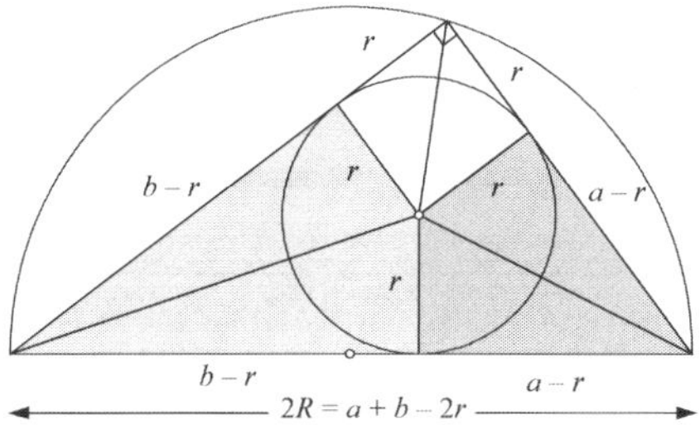

$$R+r=\frac{a+b}{2} \geq \sqrt{ab}=\sqrt{2K}$$

Ⅰ. $R/r \geq \sqrt{2}+1$.

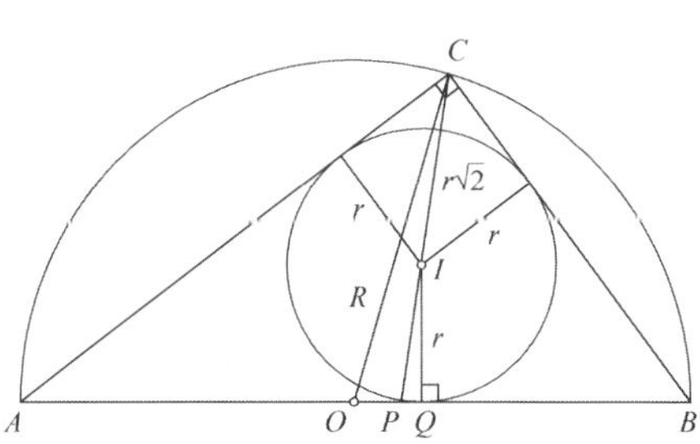

$$R=\overline{OC} \geq \overline{PC} \geq \overline{IC}+\overline{IQ}=r\sqrt{2}+r.$$

참고 일반적인 삼각형에서는 $R+r \geq \sqrt{K\sqrt{3}}$, $\frac{R}{r} \geq 2$가 성립한다

톨레미의 부등식

– 클라우디 알시나(Claudi Alsina)와 로저 넬센(Roger B. Nelsen)

볼록사각형의 네 변의 길이를 순서대로 a,b,c,d, 대각선의 길이를 p,q라 하면 $pq \le ac + bd$이 성립한다.

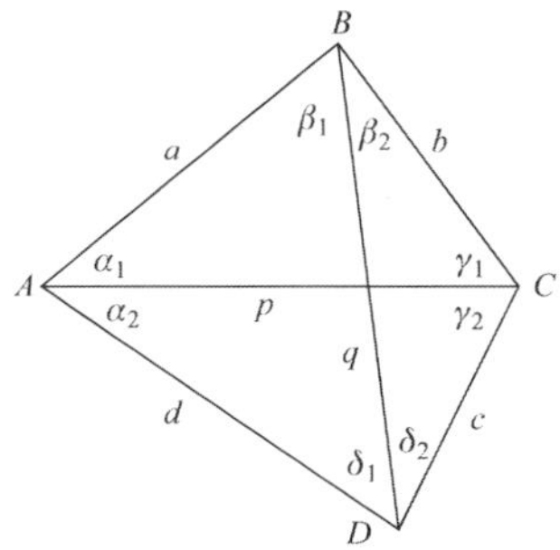

증명

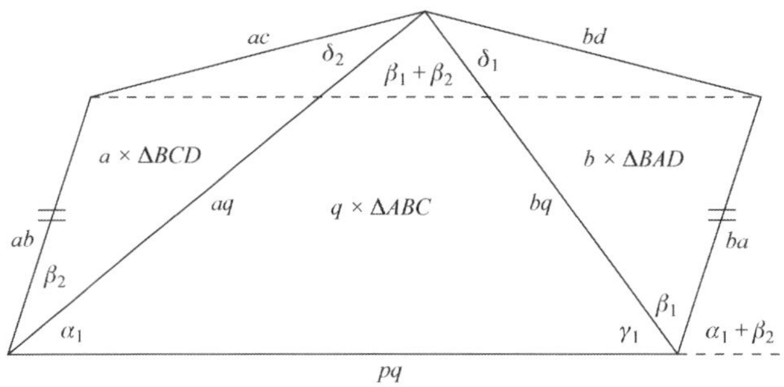

참고 이 그림에서는 $\delta_2+\beta_1+\beta_2+\delta_1$이 π보다 작은 경우를 나타냈는데, 이 각을 어떻게 그리든 $ac+bd$의 길이가 적어도 평행사변형의 밑변의 길이만큼은 되어야 한다.
원에 내접하는 사각형일 때 톨레미의 정리가 성립한다. 30－31쪽을 보라.

대수적인 부등식 I
(2010 카자흐스탄 수학 올림피아드 최종전. 4번 문제)

– 마데벡 쿤고진(Madeubek Kungozhin)과 시드니 쿵(Sidney H. Kung)

$x,\ y \geq 0$일 때

$\sqrt{x^2-x+1}\sqrt{y^2-y+1}+\sqrt{x^2+x+1}\sqrt{y^2+y+1} \geq 2(x+y)$이 성립함을 보이시오.

풀이(톨레미의 부등식을 이용)

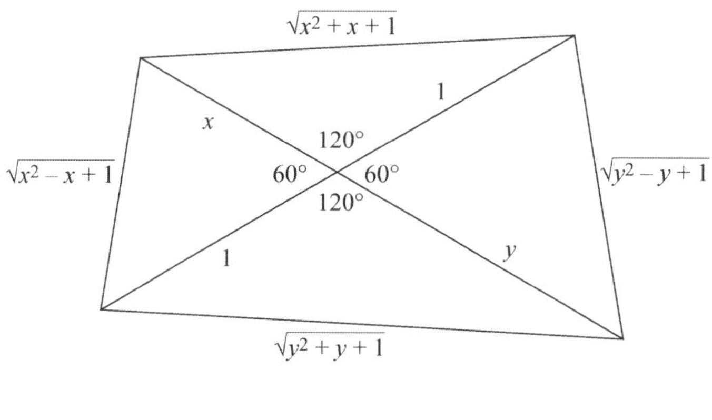

$$\sqrt{x^2-x+1}\sqrt{y^2-y+1}+\sqrt{x^2+x+1}\sqrt{y^2+y+1} \geq 2(x+y).$$

대수적인 부등식 II
(1989 레닌그라드 수학 올림피아드 2차전, 7학년 12번 문제)

– 웨이-둥 지앙(Wei-dong Jiang)

$a \geq b \geq c \geq 0$이고 $a+b+c \leq 1$이면, $a^2+3b^2+5c^2 \leq 1$임을 보이시오.

풀이

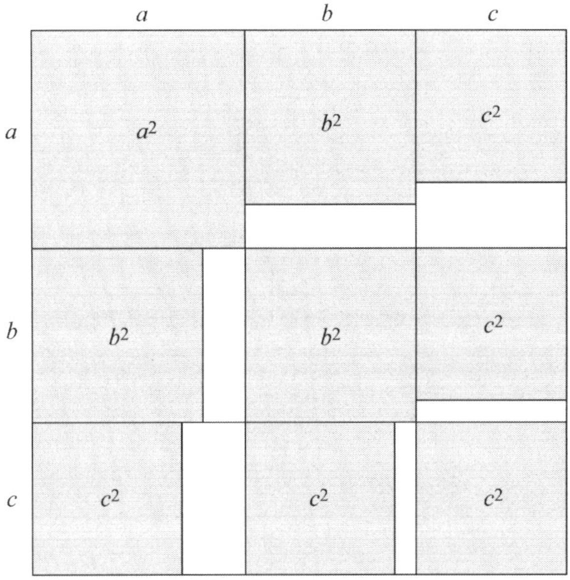

$$a^2+3b^2+5c^2 \leq (a+b+c)^2 \leq 1.$$

사인은 [0, π]에서 준가법적이다

– 싱야 판(Xingya Fan)

$x_k \geq 0$ $(k=1, 2, \ldots, n)$이고 $\sum_{k=1}^{n} x_k \leq \pi$이면

$$\sin\left(\sum_{k=1}^{n} x_k\right) \leq \sum_{k=1}^{n} \sin x_k.$$

증명

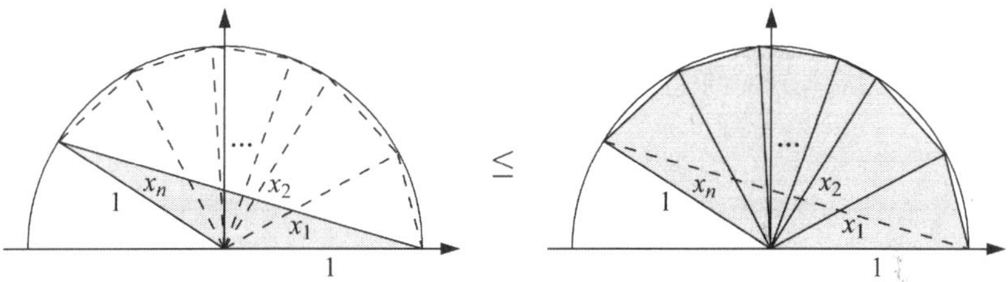

$$\frac{1}{2}\cdot 1\cdot 1\cdot \sin\left(\sum_{k=1}^{n} x_k\right) \leq \sum_{k=1}^{n} \frac{1}{2}\cdot 1\cdot 1\cdot \sin x_k.$$

탄젠트는 $[0, \frac{\pi}{2})$에서 준가법적이다

– 롭 프랫(Rob Pratt)

$x_k \geq 0$ $(k=1, 2, \ldots, n)$이고 $\sum_{k=1}^{n} x_k \leq \frac{\pi}{2}$이면

$$\tan\left(\sum_{k=1}^{n} x_k\right) \leq \sum_{k=1}^{n} \tan x_k.$$

증명

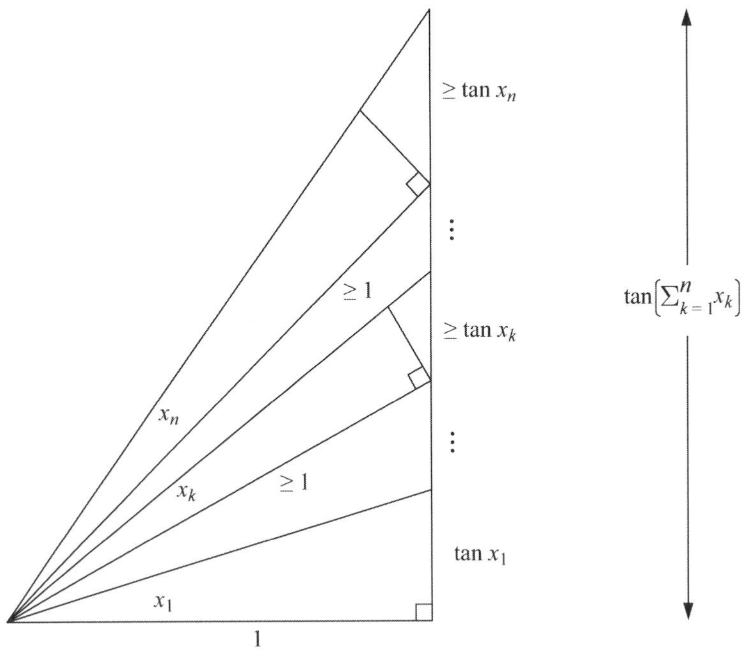

합이 1인 두 수에 대한 부등식

– 클라우디 알시나(Claudi Alsina)와 로저 넬센(Roger B. Nelsen)

$$p,\ q>0,\ p+q=1 \Rightarrow \frac{1}{p}+\frac{1}{q}\geq 4\text{이고 } \left(p+\frac{1}{p}\right)^2+\left(q+\frac{1}{q}\right)^2\geq\frac{25}{2}$$

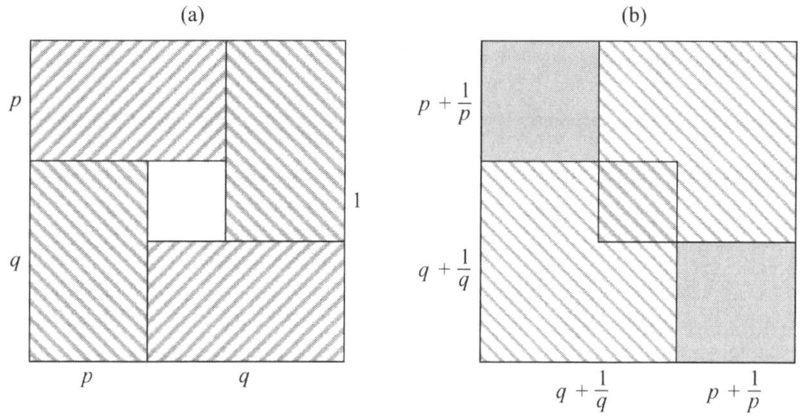

$$(a)\ 1\geq 4pq \Rightarrow \frac{1}{p}+\frac{1}{q}\geq 4$$

$$(b)\ 2\left(p+\frac{1}{p}\right)^2+2\left(q+\frac{1}{q}\right)^2\geq\left(p+\frac{1}{p}+q+\frac{1}{q}\right)^2=(1+4)^2=25$$

파도아의 부등식
– 알렉산드로 파도아(Alessandro Padoa, 1868–1937)

– 로저 넬센(Roger B. Nelsen)

삼각형의 세 변의 길이를 a, b, c라 하면

$$abc \geq (a+b-c)(b+c-a)(c+a-b).$$

1.

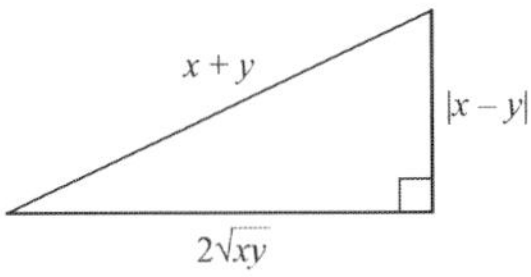

$$x+y \geq 2\sqrt{xy}.$$

2.

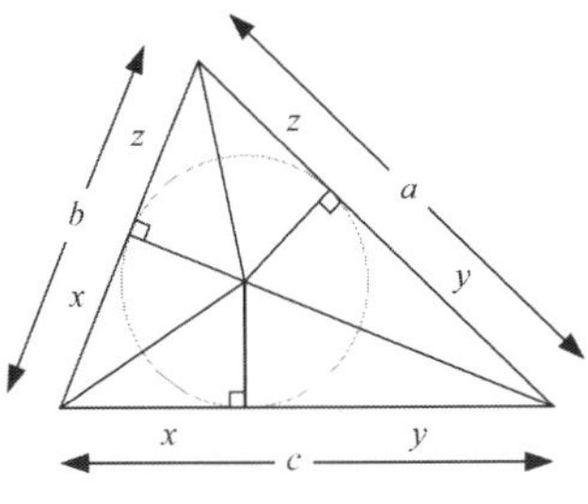

$$\begin{aligned} abc &= (y+z)(z+x)(x+y) \\ &\geq 2\sqrt{yz}\cdot 2\sqrt{zx}\cdot 2\sqrt{xy} \\ &= (2z)(2x)(2y) \\ &= (a+b-c)(b+c-a)(c+a-b). \end{aligned}$$

e에 대한 슈타이너의 문제
– 야코프 슈타이너(Jakob Steiner, 1796–1863)

– 로저 넬센(Roger B. Nelsen)

양수 x에 대해 x의 x제곱근의 최댓값은?

풀이

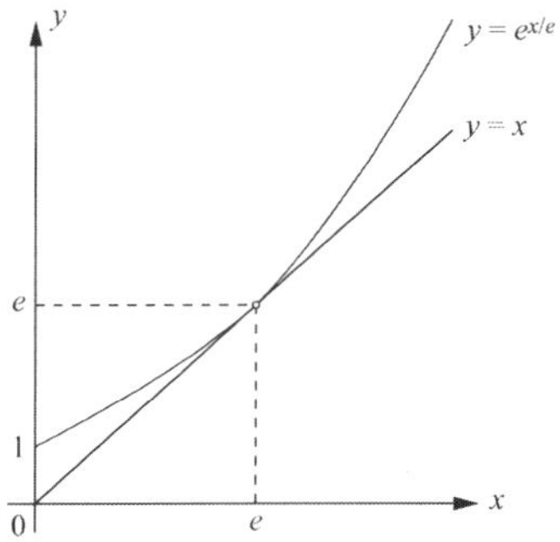

$x \le e^{x/e}$

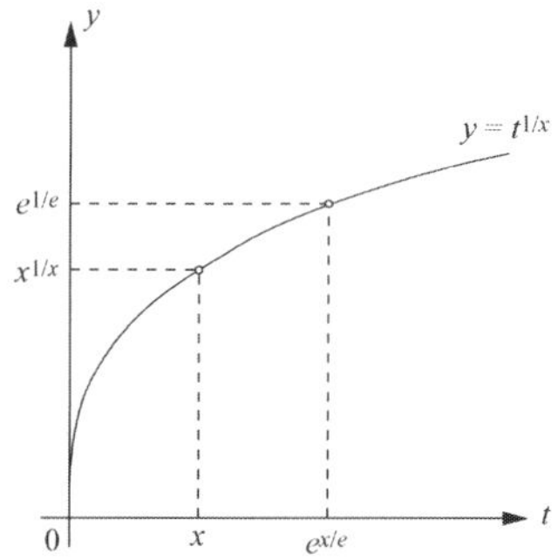

$x^{1/x} \le e^{1/e}$

[오른쪽 그림은 $x>1$인 경우이며, $x<1$일 때는 곡선의 오목/볼록만 바뀐다]

따름정리: $e^{\pi} > \pi^{e}$.

심슨의 역설

– 에드워드 휴 심슨(Edward Hugh Simpson, 1922–2019)

– 예지 코시크(Jerzy Kocik)

1. 어떤 선거에서 특정 후보를 지지하는 여성의 비율이 마을 단위에서는 남성보다 높아도 전체 지역으로 보면 남성의 비율이 더 높다.
2. 각 병원에서 X 치료법이 Y치료법보다 성공확률이 더 높지만 전체를 놓고 보면 Y의 성공확률이 더 높다.

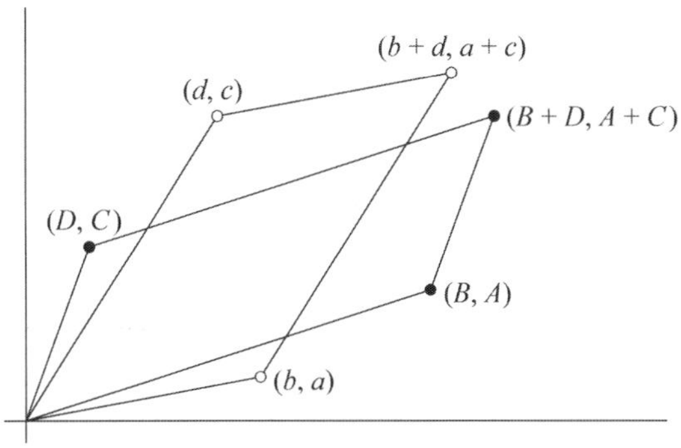

$$\frac{b}{a} < \frac{A}{B}\text{이고 } \frac{c}{d} < \frac{C}{D}\text{이지만 } \frac{a+c}{b+d} > \frac{A+C}{C+D}\text{이다.}$$

1. 마을 1에 있는 여성과 남성의 수를 각각 B, b, 특정 후보를 지지하는 여성과 남성의 수를 각각 A, a라 한다. 같은 방법으로 마을 2의 경우를 각각 D, d, C, c로 표시한 것이다.
2. 병원 1의 환자 중 X 치료법을 받은 수를 B, Y 치료법을 받은 수를 b라 하고, 각 치료법이 성공적이었던 환자의 수를 각각 A, a라 한다. 같은 방법으로 병원 2의 경우를 D, d, C, c로 나타낸 것이다.

마르코프 부등식

– 팻 타우이(Pat Touhey), 안드레이 마르코프(Andrei Andreyevich Markov, 1856~1922)

$$P[X \geq a] \leq \frac{E(X)}{a}$$

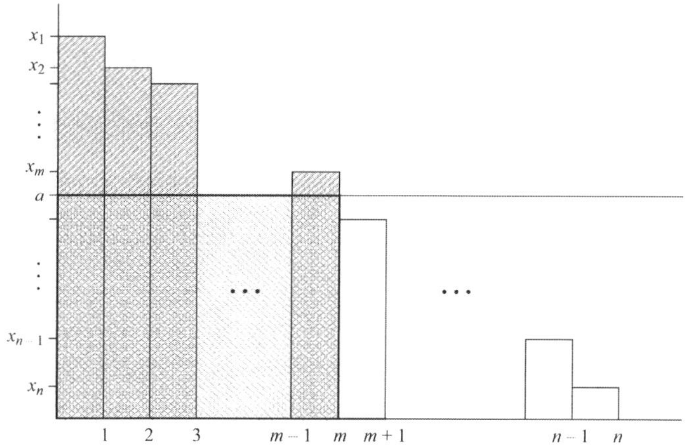

$$x_m \geq a \Rightarrow ma \leq \sum_{i=1}^{n} x_i \Rightarrow \frac{m}{n} \leq \frac{1}{a}\left(\frac{\sum_{i=1}^{n} x_i}{n}\right),$$

$$\therefore P[X \geq a] \leq \frac{E(X)}{a}.$$

정수와 정수의 합

Integers & Integer Sums

홀수의 합Ⅳ

$$1+3+5+\cdots+(2n-1)=n^2$$

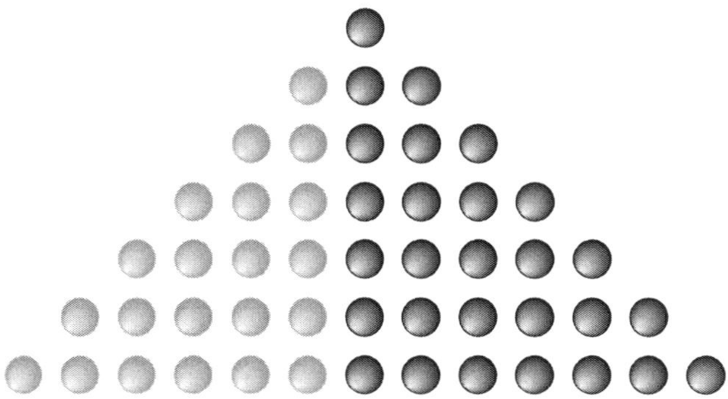

홀수의 합 V

– 티머시 듀발(Timothée Duval)

$$1+3+5+\cdots+(2n-1)=n^2$$

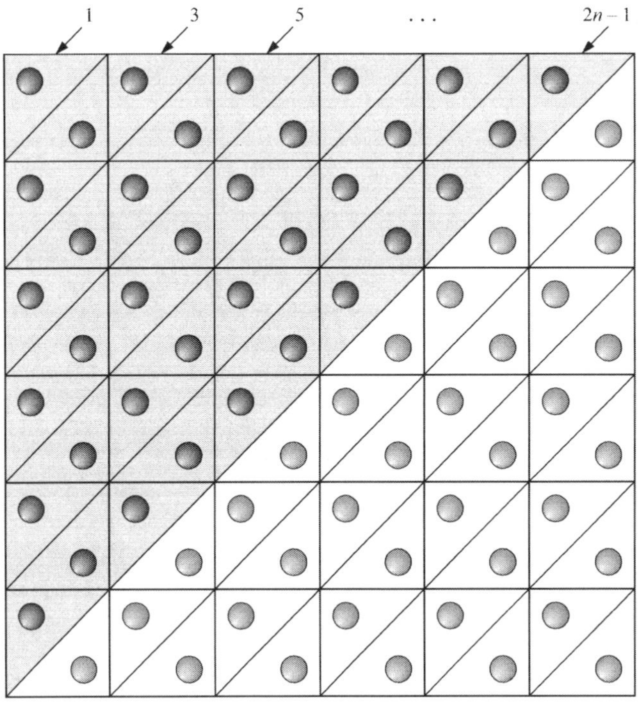

$$2[1+3+5+\cdots+(2n-1)]=2n^2.$$

홀수의 교대합

– 아서 벤자민(Arthur T. Benjamin)

$$\sum_{k=1}^{n}(2k-1)(-1)^{n-k}=n$$

n이 홀수일 때:

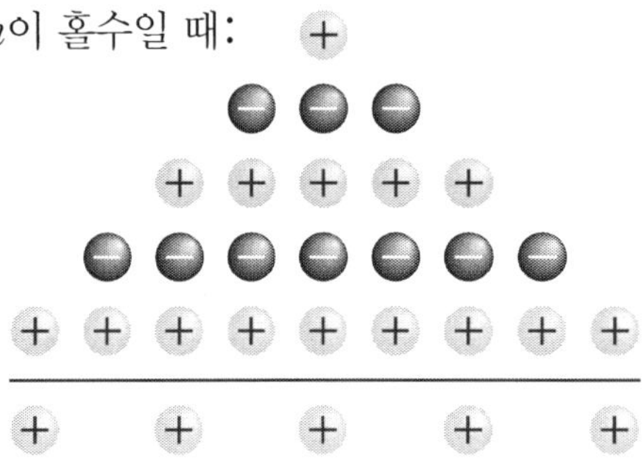

n이 짝수일 때:

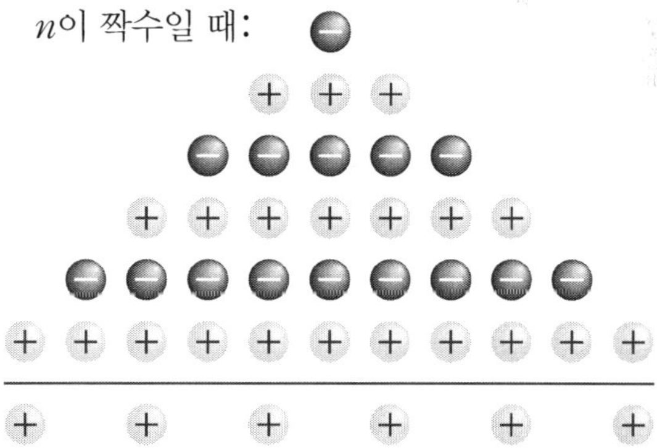

제곱수의 합 X

– 사쇼 칼라드지에프스키(Sasho Kalajdzievski)

$$1^2+2^2+\cdots+n^2=\frac{1}{6}n(n+1)(2n+1)$$

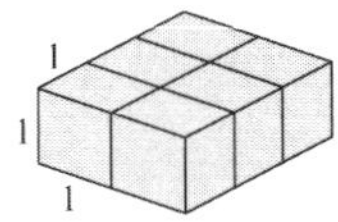

$6(1^2) = (1)(2)(3)$

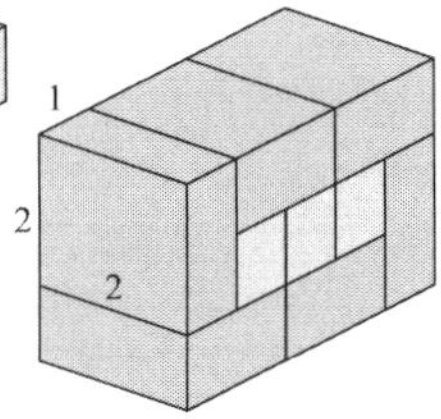

$6(1^2 + 2^2) = (2)(3)(5)$

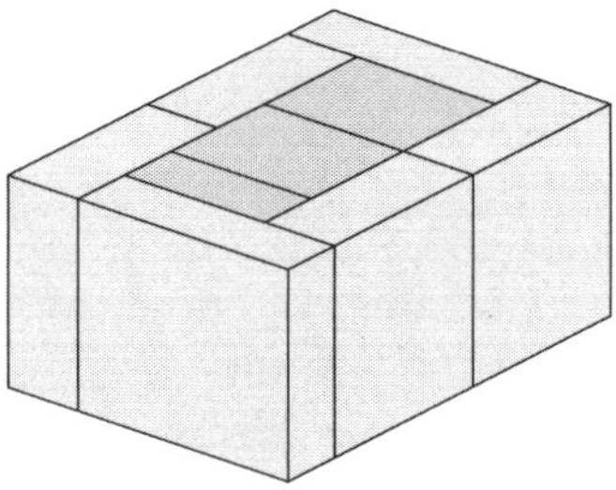

$6(1^2 + 2^2 + 3^2) = (3)(4)(7)$

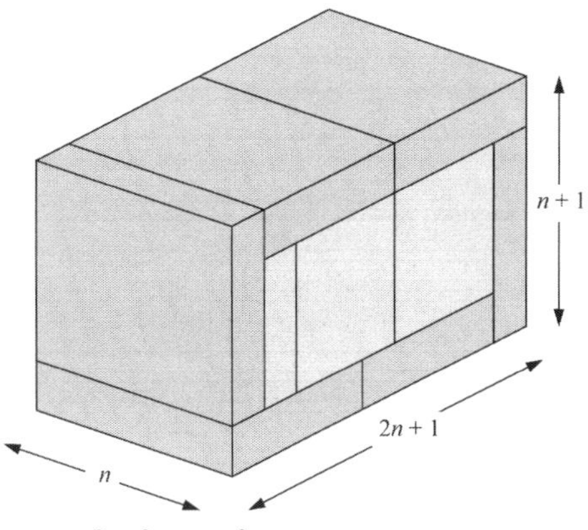

$6(1^2 + 2^2 + \cdots + n^2) = (n)(n+1)(2n+1)$

참고 세제곱의 합을 나타낸 4차원 그림은 같은 저자가 쓴 수학 지식인(*Math Intelligencer*) 22권(2000)의 47~49쪽에 실린 "잘 알려진 합 공식(*Some evident summation formulas*)"을 보라.

제곱수의 합 XI

– 아브라함 아르카비(Abraham Arcavi)와 알피니오 플로레스(Alfinio Flores)

$$\sum_{k=1}^{n} k^2 = \sum_{i=1}^{n} \sum_{j=1}^{n} \min(i, j)$$

$$\sum_{k=1}^{n} k^2$$

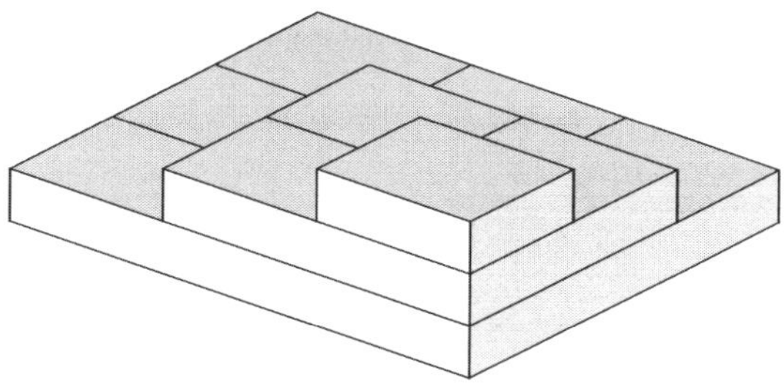

$$\sum_{i=1}^{n} \sum_{j=1}^{n} \min(i, j)$$

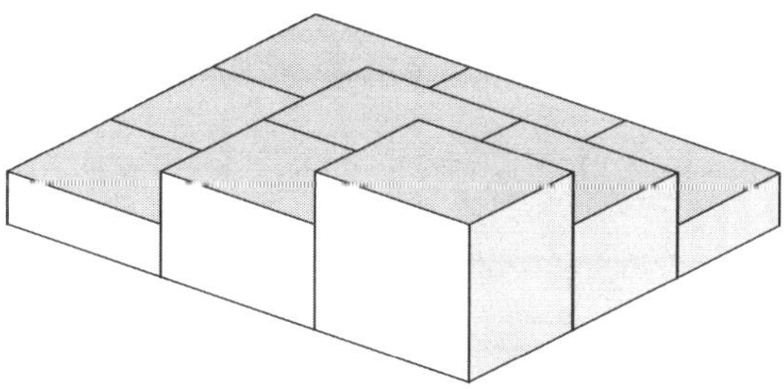

연속하는 제곱수의 교대합

– 로저 넬센(Roger B. Nelsen)

$$2^2-3^2+4^2=-5^2+6^2$$
$$4^2-5^2+6^2-7^2+8^2=-9^2+10^2-11^2+12^2$$
$$6^2-7^2+8^2-9^2+10^2-11^2+12^2=-13^2+14^2-15^2+16^2-17^2+18^2$$
$$\vdots$$
$$(2n)^2-(2n+1)^2+\cdots+(4n)^2=-(4n+1)^2+(4n+2)^2-\cdots+(6n)^2$$

예를 들어 $n=2$일 때,

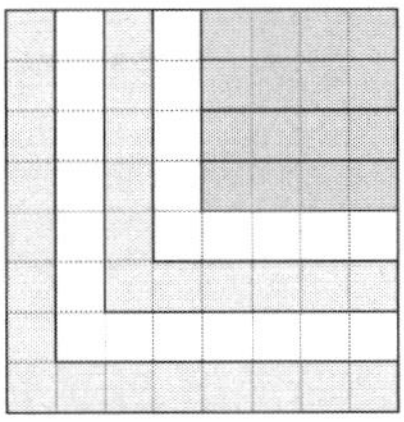

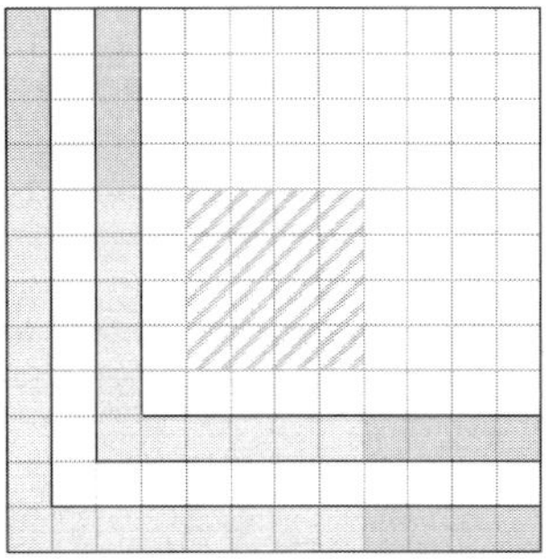

$8^2-7^2+6^2-5^2+4^2 \quad = \quad 12^2-11^2+10^2-9^2.$

연습문제. 다음을 보이시오.

$$3^2=-4^2+5^2$$
$$5^2-6^2+7^2=-8^2+9^2-10^2+11^2$$
$$7^2-8^2+9^2-10^2+11^2=-12^2+13^2-14^2+15^2-16^2+17^2$$
$$\vdots$$
$$(2n+1)^2-(2n+2)^2+\cdots+(4n-1)^2=-(4n)^2+(4n+1)^2-\cdots+(6n-1)^2$$

홀수의 제곱수의 교대합

– 앙겔 플라자(Ángel Plaza)

n이 짝수면 $\sum_{k=1}^{n}(2k-1)^2(-1)^k=2n^2$

예를 들어 $n=4$일 때,

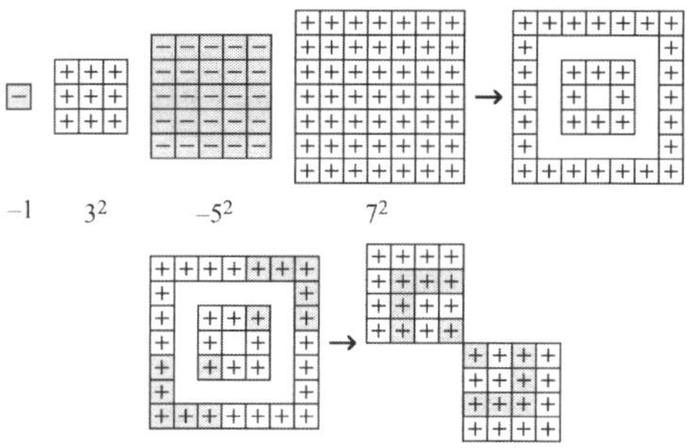

n이 홀수면 $\sum_{k=1}^{n}(2k-1)^2(-1)^{k-1}=2n^2-1$

예를 들어 $n=5$일 때,

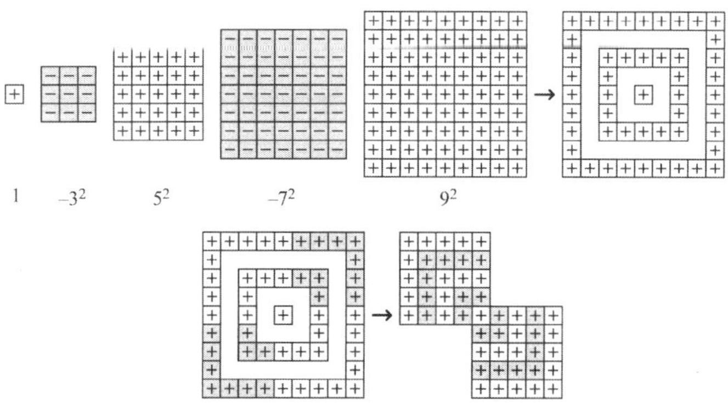

아르키메데스의 제곱수 합 공식

– 캐서린 캐님(Katherine Kanim)

$$3\sum_{i=1}^{n} i^2 = (n+1)n^2 + \sum_{i=1}^{n} i$$

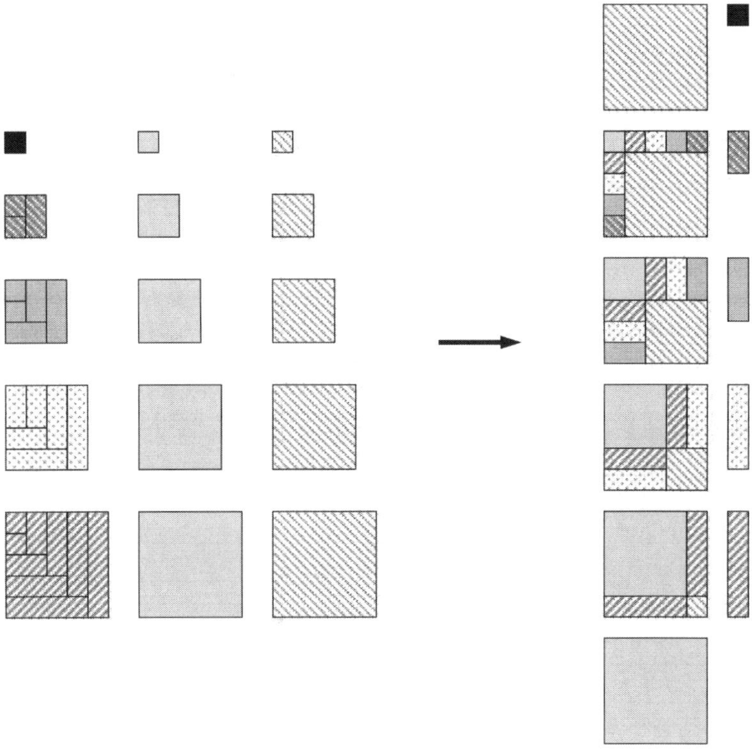

삼각형을 세어서 제곱수의 합을 구하기

– 로저 넬센(Roger B. Nelsen)

$$(a+b+c)^2+(a+b-c)^2+(a-b+c)^2+(-a+b+c)^2$$
$$=4(a^2+b^2+c^2)$$

한 예로 아래 그림은 $(a, b, c)=(5, 6, 7)$일 때다.

작은 삼각형의 넓이를 1이라 하고, 포함–배제 원리를 이용하면

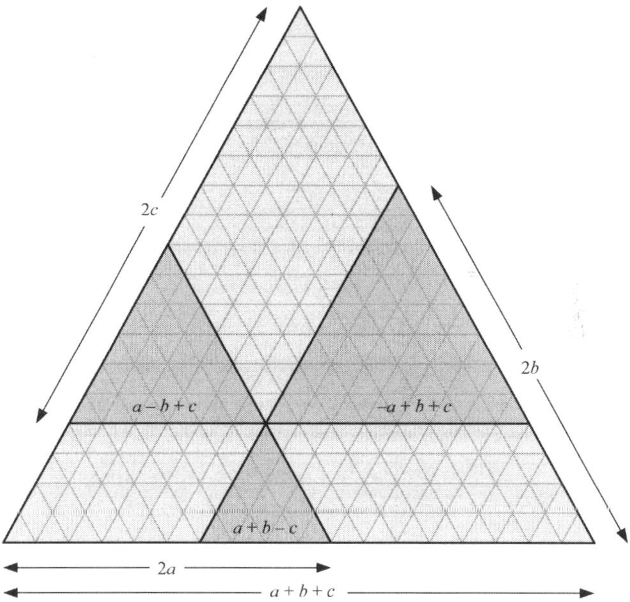

$$(a+b+c)^2$$
$$=(2a)^2+(2b)^2+(2c)^2$$
$$-(a+b-c)^2-(a-b+c)^2-(-a+b+c)^2.$$

제곱수를 3으로 나눈 나머지

– 로저 넬센(Roger B. Nelsen)

$$n^2=1+3+5+\cdots+(2n-1) \Rightarrow n^2=\begin{cases}0(\bmod 3), & n\equiv 0(\bmod 3)\\ 1(\bmod 3), & n\equiv \pm 1(\bmod 3)\end{cases}$$

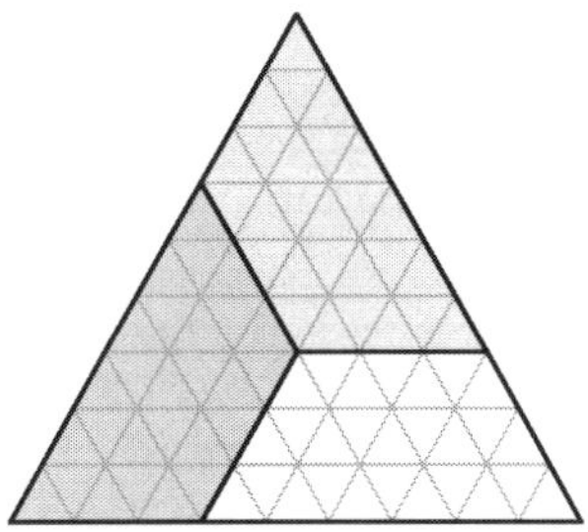

$$(3k)^2 = 3[(2k)^2 - k^2]$$

$$(3k-1)^2 = 1 + 3[(2k-1)^2 - (k-1)^2]$$

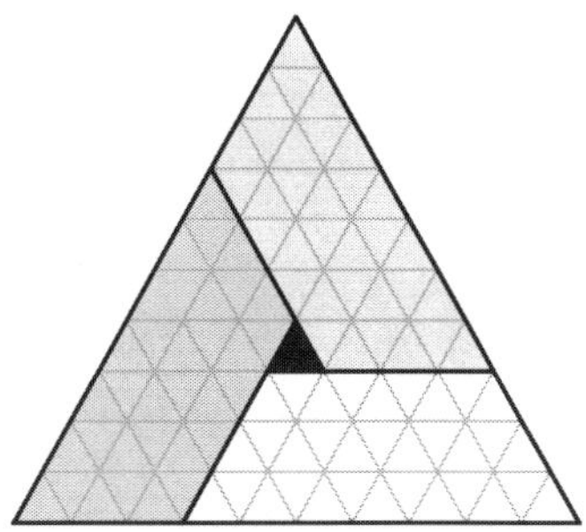

$$(3k+1)^2 = 1 + 3[(2k+1)^2 - (k+1)^2]$$

연속하는 두 정수의 곱의 합

– 조르지오 골도니(Giorgio Goldoni)

$$1\cdot2+2\cdot3+3\cdot4+\cdots+n(n+1)=\frac{n(n+1)(n+2)}{3}$$

1.

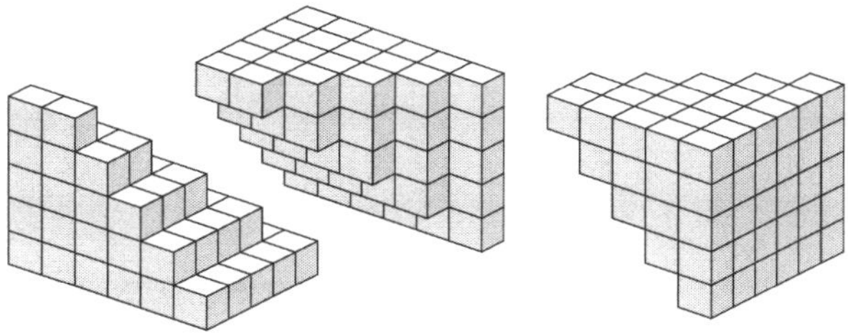

$$3\cdot[1.2+2.3+3.4+\cdots+n(n+1)].$$

2.

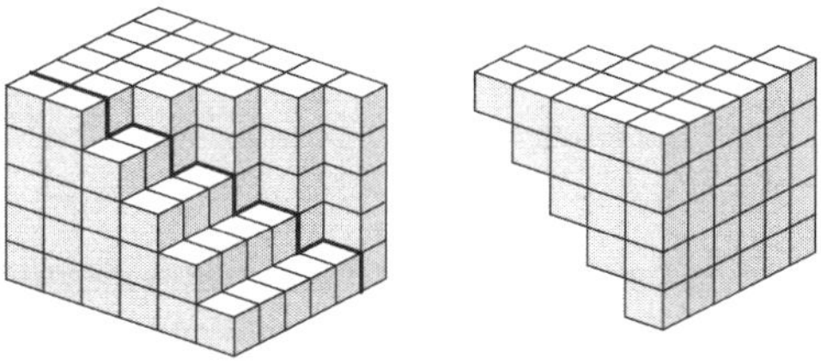

3.

$n(n+1)(x+2)$

이중합으로 나타낸 세제곱

– 로저 넬센(Roger B. Nelen)

$$\sum_{i=1}^{n}\sum_{j=1}^{n}(i+j-1)=n^3$$

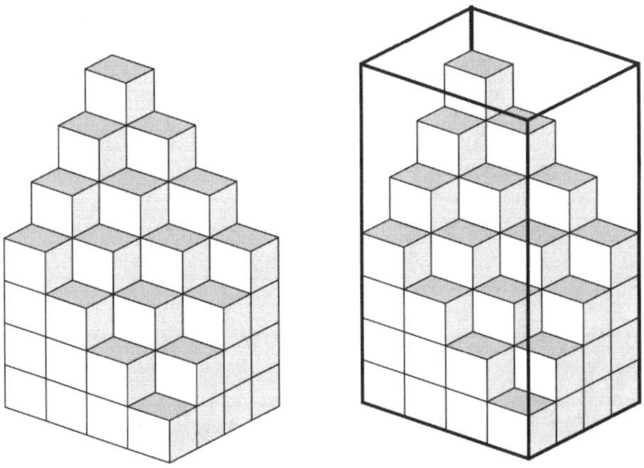

$$S=\sum_{i=1}^{n}\sum_{j=1}^{n}(i+j-1) \Rightarrow 2S=n^2\cdot 2n=2n^3.$$

참고 비슷한 그림으로 아래와 같은 이차원 등차수열의 합을 나타낼 수 있다.

$$\sum_{i=1}^{n}\sum_{j=1}^{n}[a+(i-1)b+(j-1)c]=\frac{mn}{2}[2a+(m-1)b+(n-1)c].$$

등차수열에서처럼 첫 번째 항[$(i, j)=(1, 1)$]과 마지막항[$(i, j)=(m, n)$의 평균에 항의 개수를 곱한 값이 구하는 합이 된다.

세제곱수를 등차수열의 합으로 나타내기 II

- 로저 넬센(Roger B. Nelsen)

$$1=1$$
$$8=3+5$$
$$27=6+9+12$$
$$64=10+14+18+22$$
$$\vdots$$
$$t_n=1+2+\cdots+n$$
$$\Rightarrow n^3=t_n+(t_n+n)+(t_n+2n)+\cdots+(t_n+(n-1)n)$$

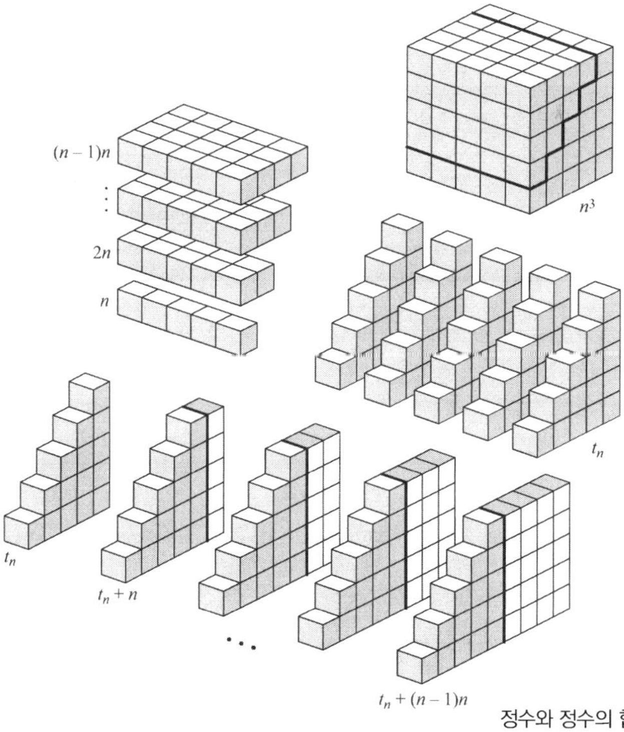

세제곱수의 합Ⅷ

– 파라메스 라오신차이(Parames Laosinchai)

$$1^3+2^3+3^3+\cdots+n^3=(1+2+3+\cdots+n)^2$$

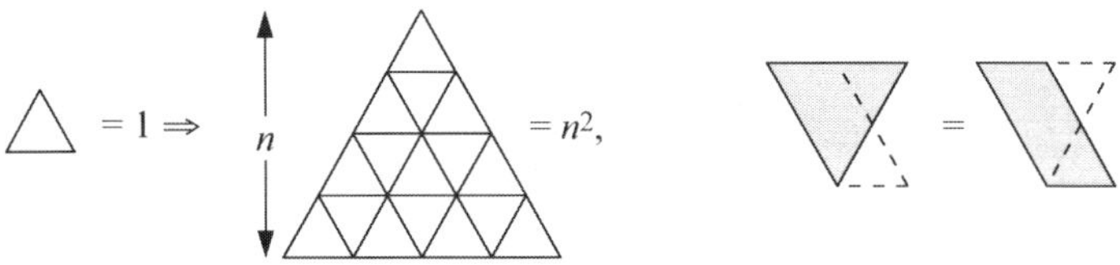

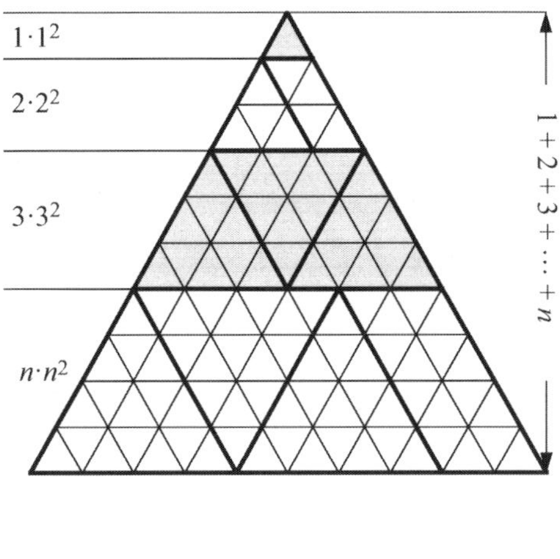

$$1^3+2^3+3^3+\cdots+n^3=(1+2+3+\cdots+n)^2.$$

연속하는 두 정수의 세제곱의 차를 6으로 나눈 나머지는 1이다

– 클라우디 알시나(Claudi Alsina), 하산 우날(Hasan Unal, 로저 넬센(Roger B. Nelsen)

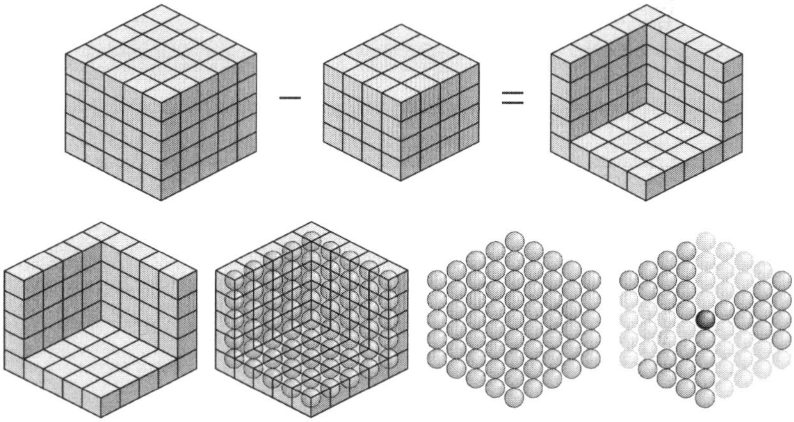

$$(n+1)-n^3\equiv 1(\mathrm{mod}6).$$

피보나치 항등식 Ⅱ
피사의 레오나르도(*Leonardo of* Pisa, 약 1170~1250)

$$F_1=F_2=1,\ F_n=F_{n-1}+F_{n-2}$$

Ⅰ. (*a*) $F_1F_2+F_2F_3+\cdots+F_{2n}F_{2n+1}=F_{2n+1}^2-1,$

(*b*) $F_1F_2+F_2F_3+\cdots+F_{2n-1}F_{2n}=F_{2n}^2,$

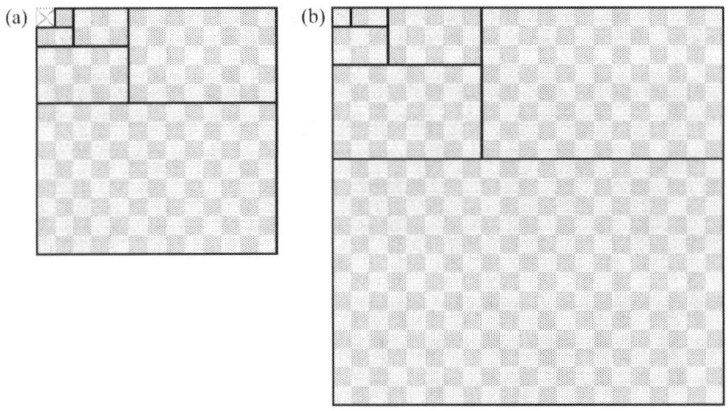

Ⅱ. $F_1F_3+F_3F_4+\cdots+F_{2n}F_{2n+2}=F_2^2+F_3^2+\cdots+F_{2n+1}^2$

$=F_{2n+1}F_{2n+2}-1.$

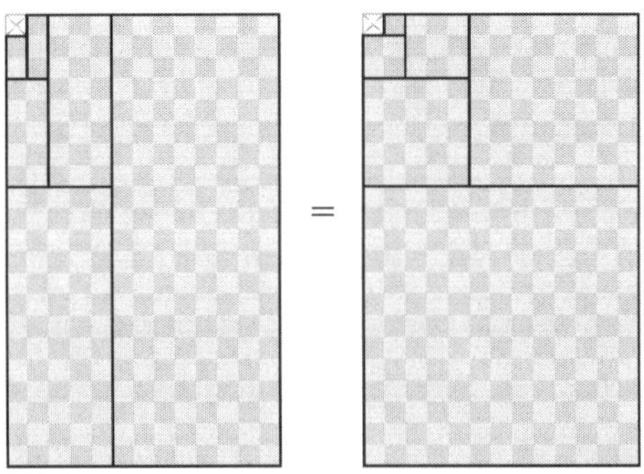

피보나치 타일

– 리처드 올러튼(Richard L Ollerton)

$$F_0=0,\ F_1=1,\ F_{n+1}=F_n+F_{n-1}$$

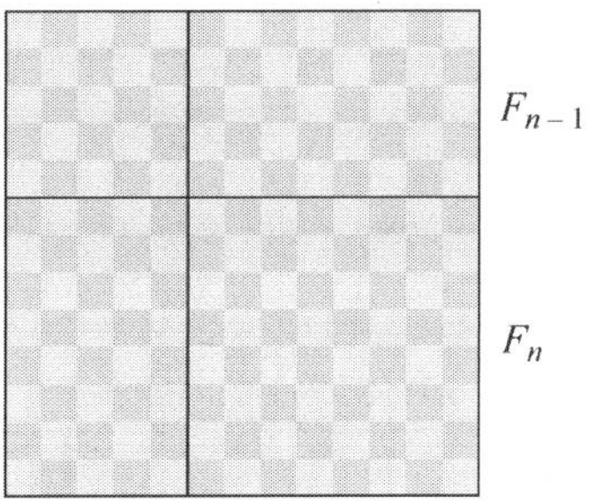

$$\begin{aligned}F_{n+1}^2 &= 2F_{n+1}F_n - F_n^2 + F_{n-1}^2\\ &= 2F_{n+1}F_{n-1} + F_n^2 - F_{n-1}^2\\ &= 2F_nF_{n-1} + F_n^2 + F_{n-1}^2\\ &= F_{n+1}F_n + F_nF_{n-1} + F_{n-1}^2\\ &= F_{n+1}F_{n-1} + F_n^2 + F_nF_{n-1}\end{aligned}$$

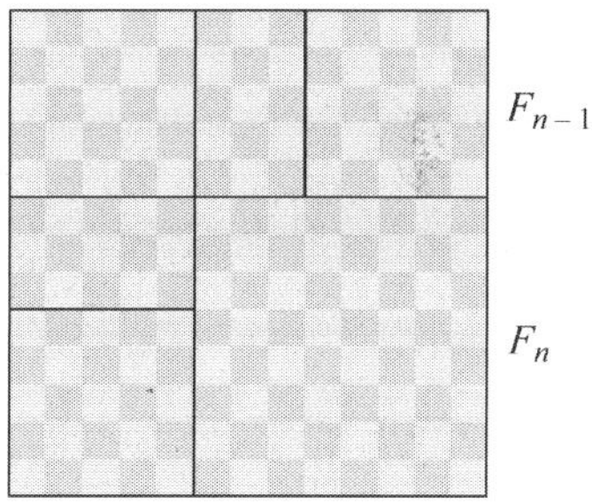

$$F_{n+1}^2 = F_n^2 + 3F_{n-1}^2 + 2F_{n-1}F_{n-2}$$

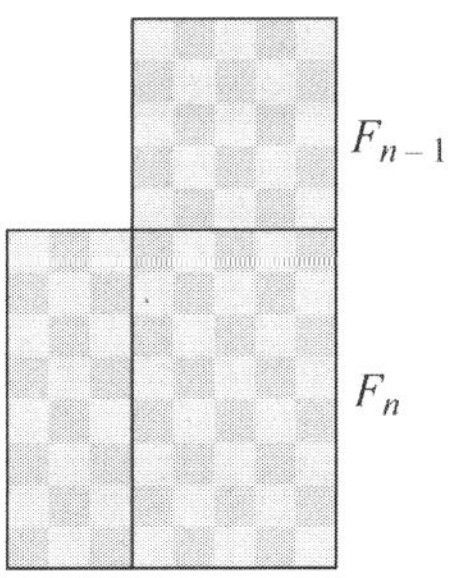

$$F_n^2 = F_{n+1}F_{n-1} + F_nF_{n-2} - F_{n-1}^2$$

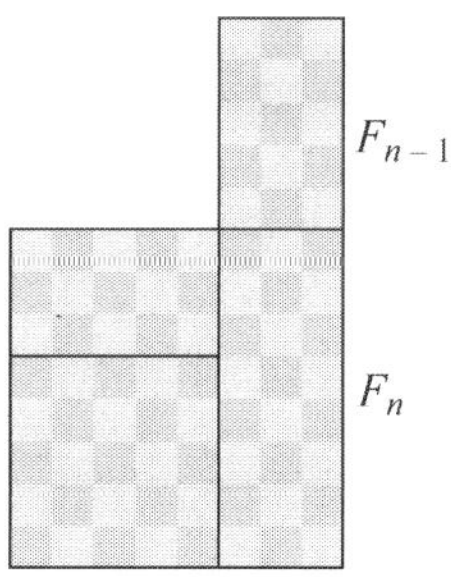

$$F_n^2 = F_{n+1}F_{n-2} + F_{n-1}^2$$

피보나치 사다리꼴

– 한스 발저(Hans Walser)

1. 귀납적 정의: $F_n + F_{n+1} = F_{n+2}$,

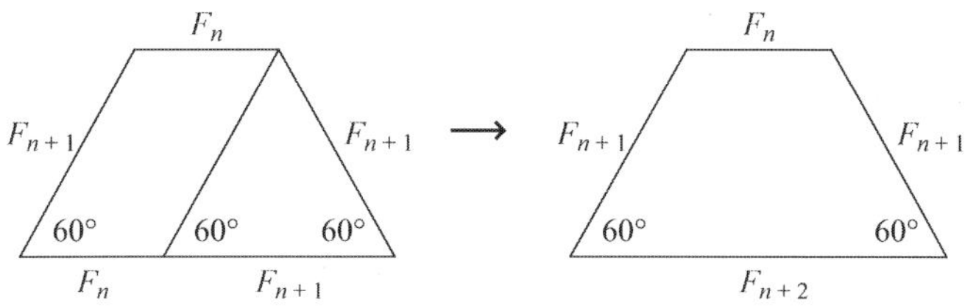

2. 항등식: $1 + \sum_{k=1}^{n} F_k = F_{n+2}$.

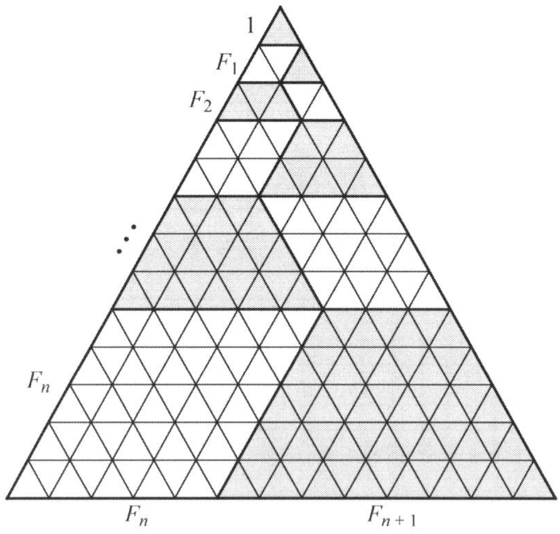

피보나치 삼각형과 사다리꼴

– 앙겔 플라자(Ángel Plaza)와 한스 발저(Hans Walser)

$$F_1=F_2=1,\ F_{n+2}=F_{n+1}+F_n \Rightarrow \sum_{k=1}^{n} F_k^2=F_nF_{n+1}$$

1. 삼각형을 세기:

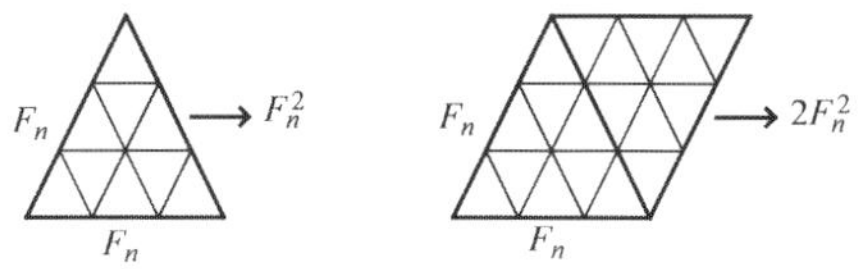

2. 항등식: $F_n^2+F_{n+1}^2+\sum_{k=1}^{n} F_k^2=(F_n+F_{n+1})^2$:

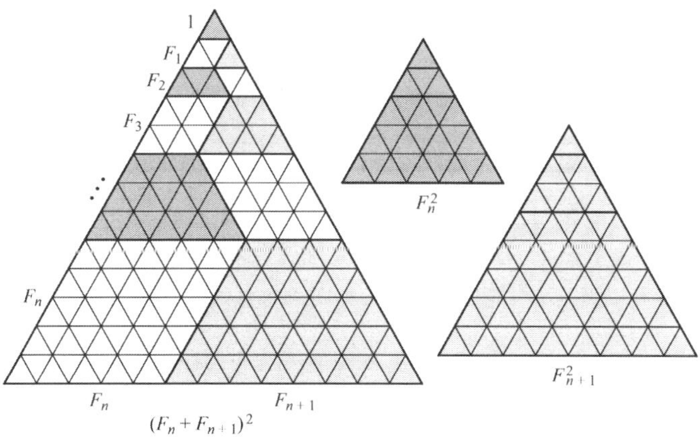

3. $\therefore \sum_{k=1}^{n} F_k^2=F_nF_{n+1}$.

피보나치 수의 제곱과 세제곱

– 로저 넬센(Roger B. Nelsen)

$$F_1=F_2=1,\ F_n=F_{n-1}+F_{n-2} \Rightarrow$$

Ⅰ. $F_{n+1}^2=F_n^2+F_{n-1}^2+2F_{n-1}F_n$,

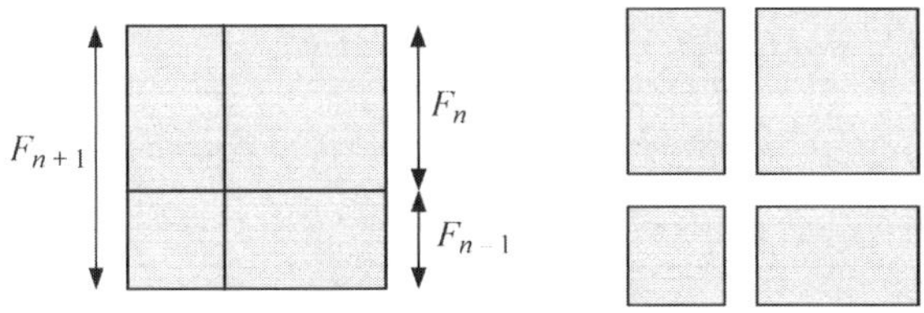

Ⅱ. $F_{n+1}^3=F_n^3+F_{n-1}^3+3F_{n-1}F_nF_{n+1}$,

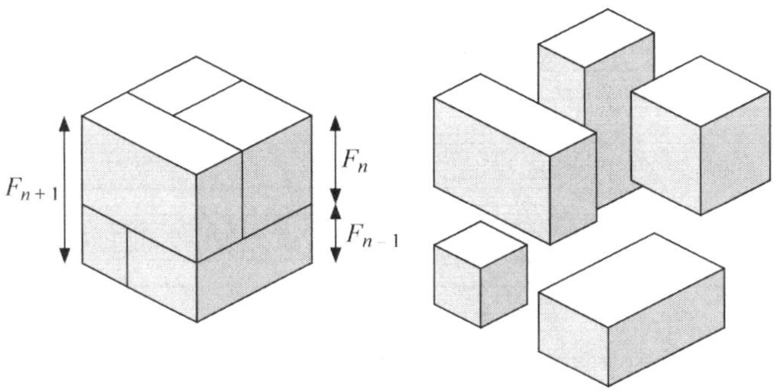

질문: 이와 비슷한 네제곱과 관련된 식이 있을까?

모든 팔각수는 제곱수의 차다

- 로저 넬센(Roger B. Nelsen)

$$1=1=1^2-0^2$$

$$1+7=8=3^2-1^2$$

$$1+7+13=21=5^2-2^2$$

$$1+7+13+19=40=7^2-3^2$$

$$\vdots$$

$$Q_n=1+7+\cdots+(6n-5)=(2n-1)^2-(n-1)^2$$

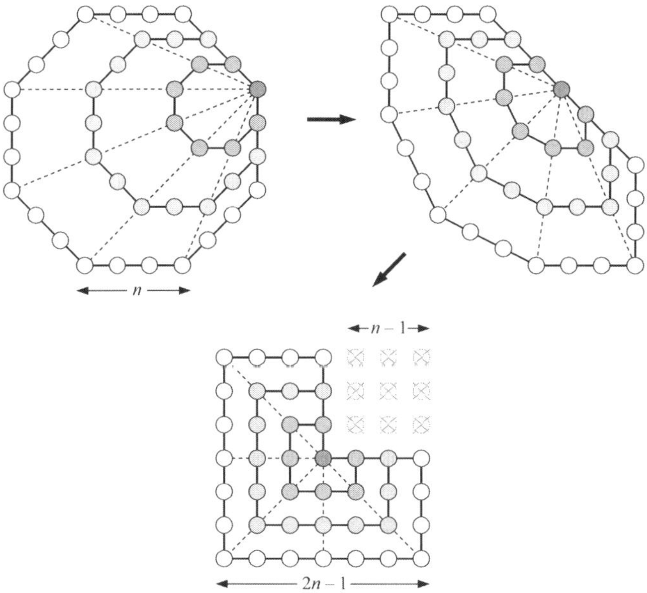

2의 거듭제곱

– 제임스 탄턴(James Tanton)

$$1+1+2+2^2+\cdots+2^{n-1}=2^n.$$

4의 거듭제곱의 합

– 데이비드 셰어(David B. Sher)

$$\sum_{k=0}^{n} 4^k = \frac{4^{n+1}-1}{3}$$

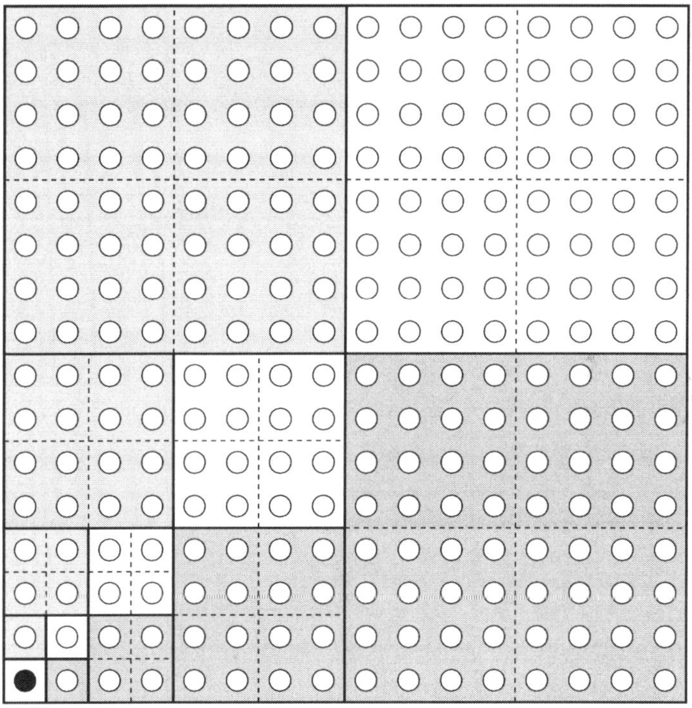

$1+1+2+4+\cdots+2^n = 2^{n+1}$

$$1+3(1+4+4^2+\cdots+4^n)=(2^{n+1})^2=4^{n+1}.$$

자기 닮음을 이용한 n의 거듭제곱의 합

– 밍장 첸(Mingjang Chen)

$n \geq 4$, $k \geq 0$인 정수 n, k에 대해

$$1+n+n^2+\cdots+n^k=\frac{n^{k+1}-1}{n-1}.$$

예를 들어 $n=7$, $k=2$일 때

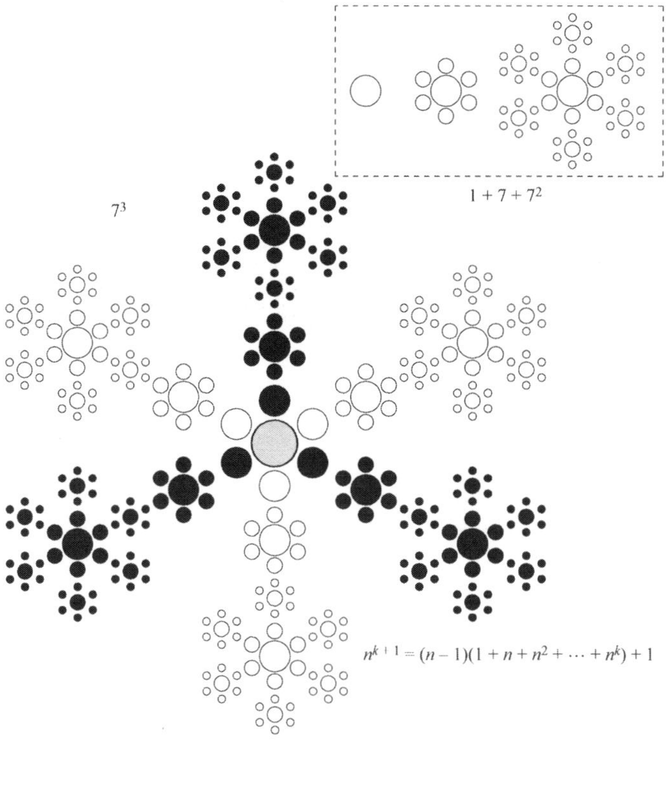

1보다 큰 자연수의 네제곱은 연속하지 않는 두 삼각수의 합이다

– 로저 넬센(Roger B. Nelsen)

$$t_k = 1+2+\cdots+k \Rightarrow 2^4 = 15+1 = t_5 + t_1,$$
$$\Rightarrow 3^4 = 66+15 = t_{11} + t_5,$$
$$\Rightarrow 4^4 = 190+66 = t_{19} + t_{11},$$
$$\vdots$$
$$n^4 = t_{n^2+n-1} + t_{n^2-n-1}.$$

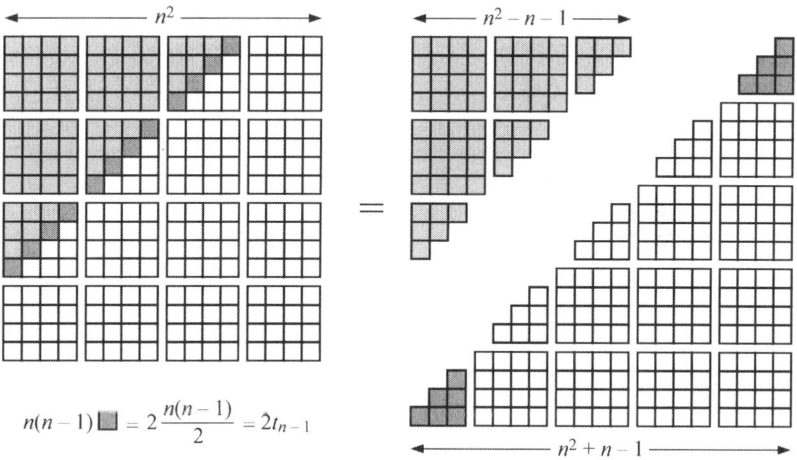

참고 $k^2 = t_{k-1} + t_k$이므로 $n^4 = t_{n^2-1} + t_{n^2}$이 된다.

삼각수의 합 V

– 로저 넬센(Roger B. Nelsen)

$$t_k = 1+2+\cdots+k \Rightarrow t_1+t_2+\cdots+t_n = \frac{n(n+1)(n+2)}{6}$$

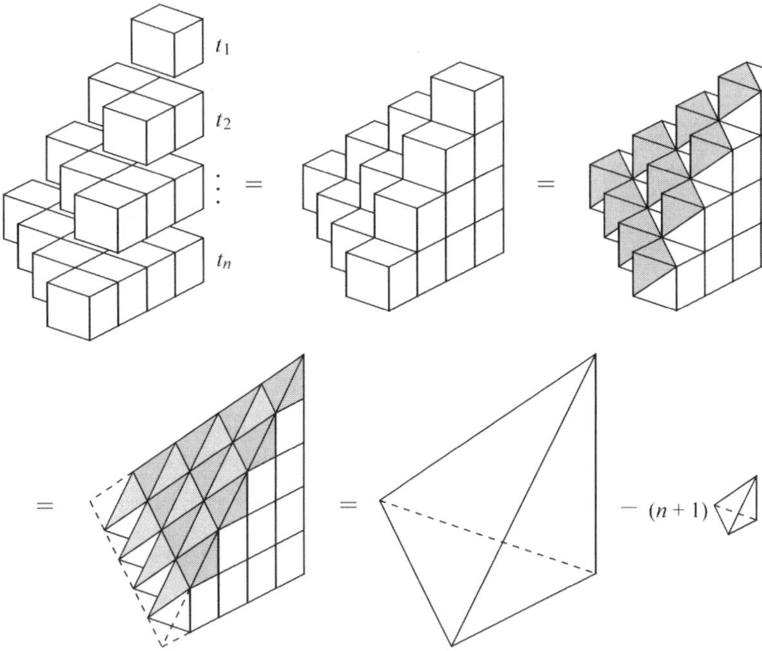

$$t_1+t_2+\cdots+t_n = \frac{1}{6}(n+1)^3 - (n+1)\cdot\frac{1}{6} = \frac{n(n+1)(n+2)}{6}.$$

삼각수의 교대합 Ⅱ

– 앙겔 플라자(Ángel Plaza) 와 한스 발저(Hans Walser)

$$t_k = 1 + 2 + \cdots + k \Rightarrow \sum_{k=1}^{2n} (-1)^k t_k = 2t_n$$

예를 들어 $n=3$일 때,

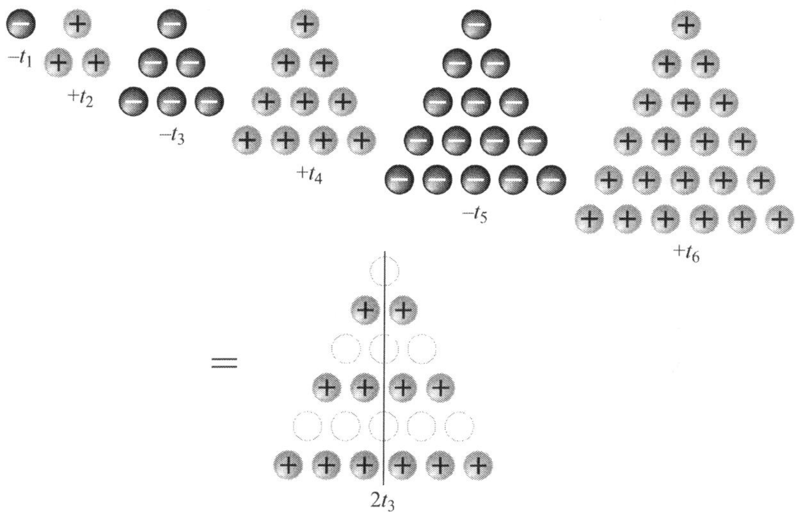

연속하는 삼각수의 관계

– 하산 우날(Hasan Unal), 로저 넬센(Roger B. Nelsen)

$$t_k = 1+2+\cdots+k \Rightarrow$$

$$t_1+t_2+t_3=t_4$$

$$t_5+t_6+t_7+t_8=t_9+t_{10}$$

$$t_{11}+t_{12}+t_{13}+t_{14}+t_{15}=t_{16}+t_{17}+t_{18}$$

$$\vdots$$

$$t_{n^2-n-1}+t_{n^2-n}+\cdots+t_{n^2-1}=t_{n^2}+t_{n^2+1}+\cdots+t_{n^2+n-2}.$$

예를 들어 $n=4$일 때,

Ⅰ. $t_{16}+t_{17}+t_{18}=t_{15}+t_{14}+t_{13}+1\cdot4^2+3\cdot4^2+5\cdot4^2$;

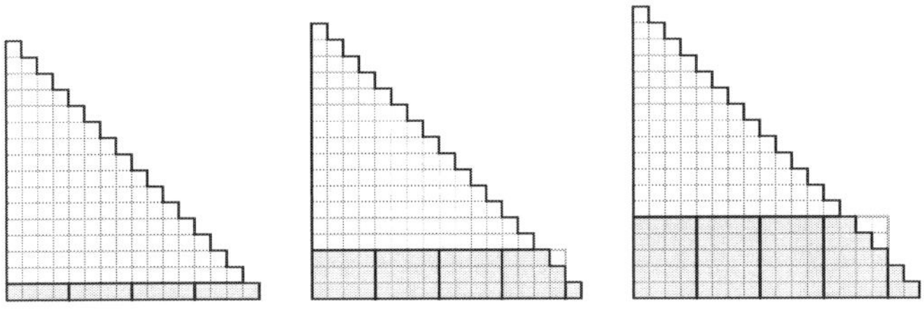

Ⅱ. $(1+3+5)\cdot4^2=12^2=t_{12}+t_{11}$;

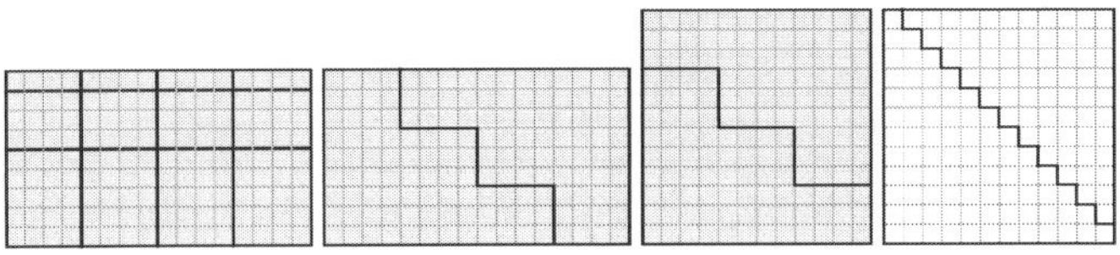

Ⅲ. $\therefore t_{11}+t_{12}+t_{13}+t_{14}+t_{15}=t_{16}+t_{17}+t_{18}$.

3의 배수째 삼각수의 합

– 로저 넬센(Roger B. Nelsen)

$$t_k = 1+2+3+\cdots+k \Rightarrow t_3+t_6+t_9+\cdots+t_{3n} = 3(n+1)t_n$$

Ⅰ. $t_{3k} = 3(k^2+t_k)$;

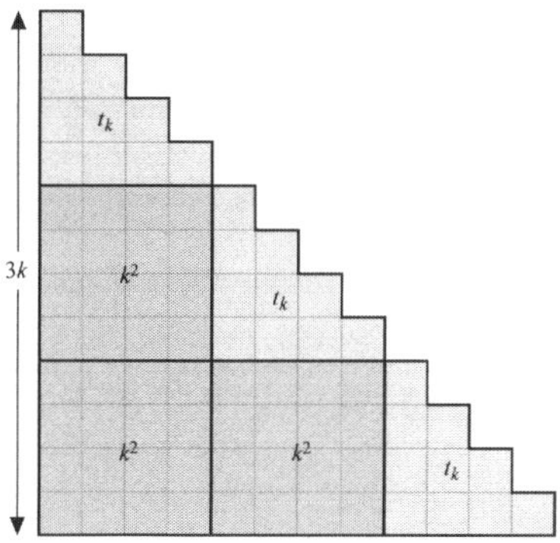

Ⅱ. $\sum_{k=1}^{n}(k^2+t_k) = (n+1)t_k$;

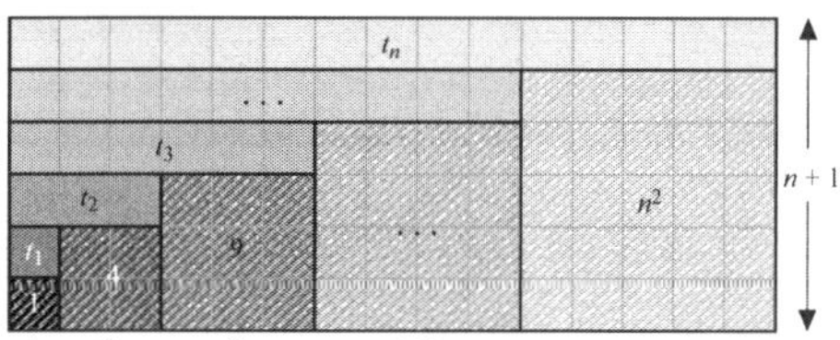

Ⅱ. $\sum_{k=1}^{n} t_{3k} = 3(n+1)t_n$.

연습문제 다음을 보이시오.

$$t_2+t_5+t_8+\cdots+t_{3n-1} = 3nt_n,$$

$$t_1+t_4+t_7+\cdots+t_{3n-2} = 3(n-1)t_n+n.$$

삼각수로 나타낸 홀수의 합

– 유키오 고바야시(Yukio Kobayashi)

$$t_k=1+2+\cdots+k \Rightarrow \begin{cases} 1+5+9+\cdots+(4n-3)=t_{2n-1}, \\ 3+7+11+\cdots+(4n-1)=t_{2n} \end{cases}$$

예를 들어 $n=5$일 때,

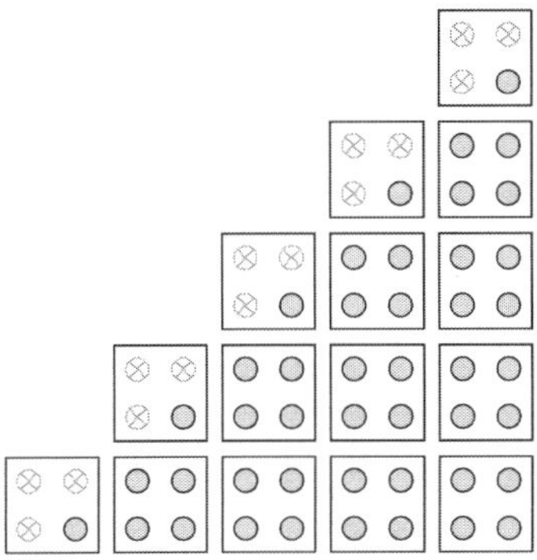

$1+5+9+13+17=45=t_9$

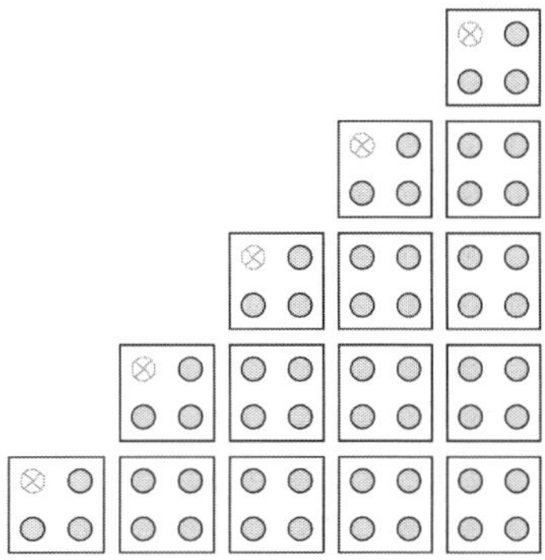

$3+7+11+15+19=55=t_{10}$

삼각수는 이항계수다

– 로렌 라르손(Loren Larson)

보조정리 $n+1$개의 원소 중에서 두 원소로만 이루어진 부분집합 전체의 집합과 $t_n=1+2+3+\cdots+n$개의 원소로 이뤄진 집합 사이에는 일대일 대응이 성립한다.

증명

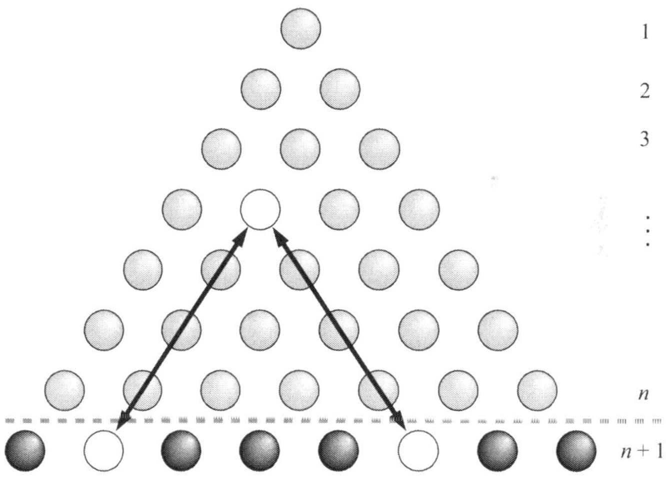

정리 $t_n=1+2+\cdots+n \Rightarrow t_n=\binom{n+1}{2}$.

삼각수에 대한 포함—배제 공식

– 로저 넬센(Roger B. Nelsen)

정리. $t_k = 1+2+\cdots+k$이고 $t_0=0$이라 하자. 이 때, $0 \le a,\ b,\ c \le n$이고 $2n \le a+b+c$이면

$$t_n = t_a + t_b + t_c - t_{a+b-n} - t_{b+c-n} - t_{c+a-n} + t_{a+b+c-2n}.$$

증명

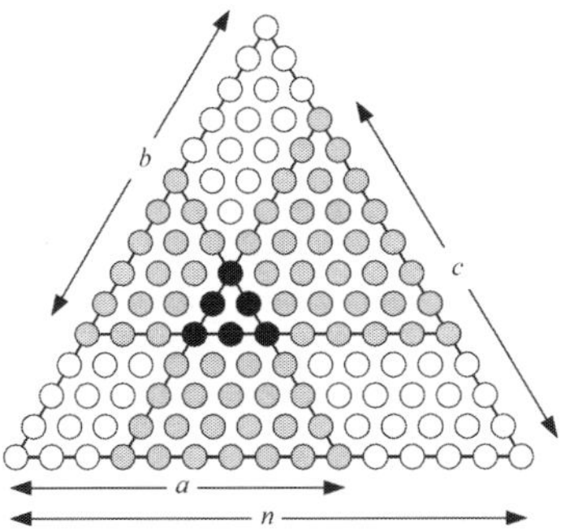

참고

(1) $0 \le a,\ b,\ c \le n$, $2n > a+b+c$이지만 $n \le \min(a+b,\ b+c,\ c+a)$이라면

$t_n = t_a + t_b + t_c - t_{a+b-n} - t_{b+c-n} - t_{c+a-n} + t_{2n-a-b-c-1}$이다.

(2) 아래와 같은 특별한 경우가 꽤 흥미롭다.

(a) $(n;\ a,\ b,\ c) = (2n-k;\ k,\ k,\ k)$, $3(t_n - t_k) = t_{2n-k} - t_{2n-n}$;

(b) $(n;\ a,\ b,\ c) = (a+b+c;\ 2a,\ 2b,\ 2c)$,

$t_{2a} + t_{2b} + t_{2c} = t_{a+b+c} + t_{a+b-c} + t_{a-b+c} + t_{-a+b+c}$;

(c) $(n;\ a,\ b,\ c) = (3k;\ 2k,\ 2k,\ 2k)$, $3(t_{2k} - t_k) = t_{3k}$.

삼각수를 분할하기

– 매튜 헤인스(Matthew J. Haines), 마이클 존스(Michael A. Jones)

$$t_k = 1+2+\cdots+k,\ 1 \le q \le (n+1)/2 \Rightarrow$$

$$1.\ t_n = 3t_q + 3t_{q-1} + 3t_{n-2q} - 2t_{n-3q},\ n-3q \ge 0;$$

$$2.\ t_n = 3t_q + 3t_{q-1} + 3t_{n-2q} - 2t_{3q-n-1},\ n-3q < 0.$$

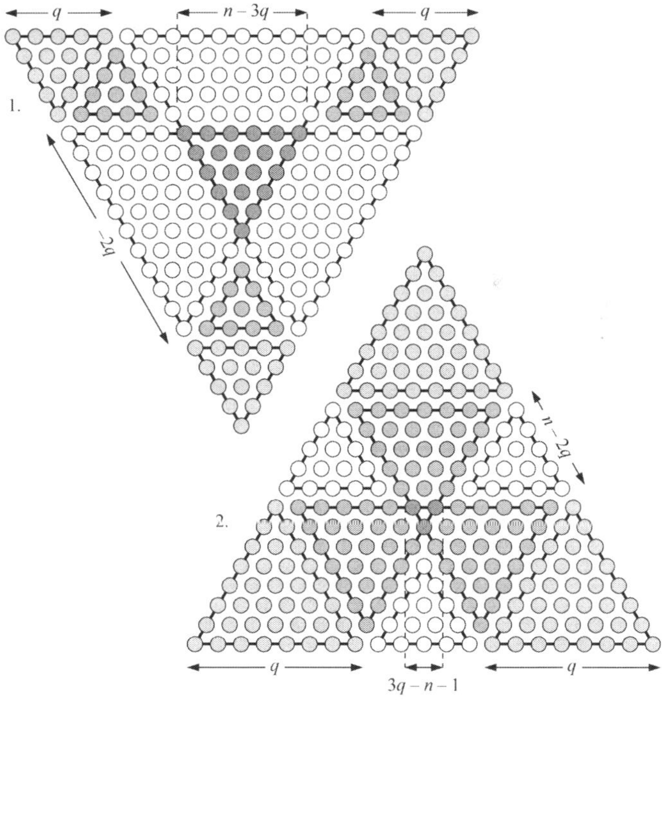

삼각수 사이의 관계Ⅱ

– 로저 넬센(Roger B. Nelsen)

$$2+3+4=9=3^2-0^2$$

$$5+6+7+8+9=35=6^2-1^2$$

$$10+11+12+13+14+15+16=91=10^2-3^2$$

$$t_n=1+2+\cdots+n \Rightarrow t_{(n+1)^2}-t_{n^2}=t_{n+1}^2-t_{n-1}^2$$

예를 들어 $n=4$일 때,

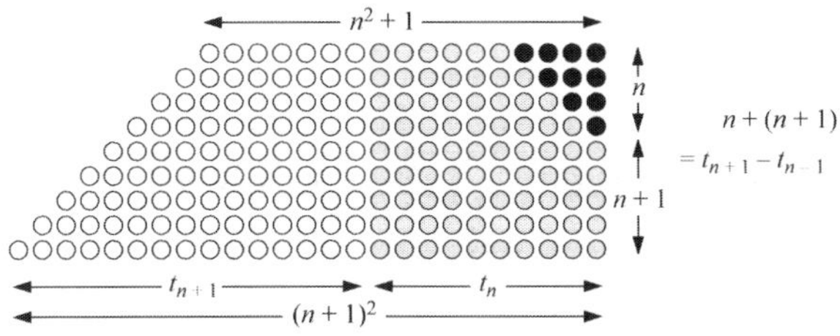

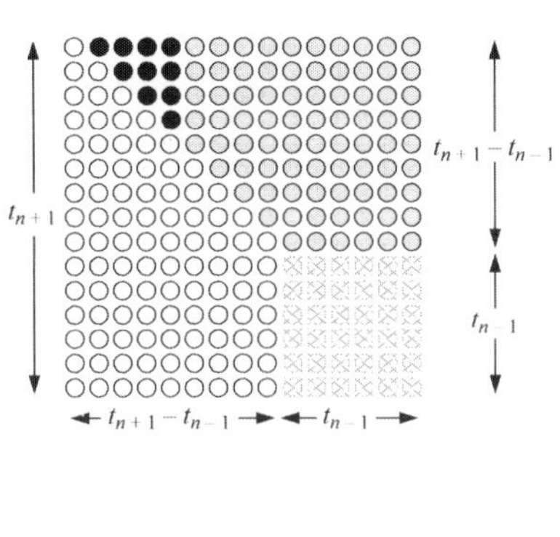

삼각수의 합

– 로저 넬센 (Roger B. Nelsen)

$$t(n)=1+2+\cdots+n \Rightarrow \sum_{k=0}^{n} t(2^k)=\frac{1}{3}t(2^{n+1}+1)-1$$

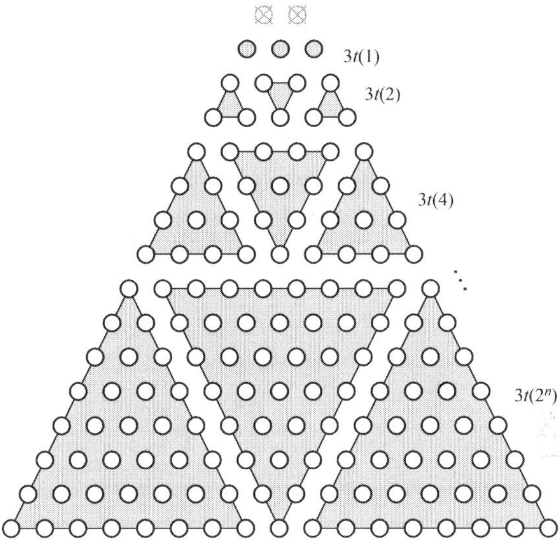

$$3\sum_{k=0}^{n} t(2^k)=t(2^{n+1}+1)-3.$$

연습문제 (a) $\sum_{k=0}^{n} t(2^k-1)=\frac{1}{3}t(2^{n+1}-2)$;

(b) $\sum_{k=0}^{n} t(3\cdot 2^k-1)=\frac{1}{3}[t(3\cdot 2^{n+1}-2)-1]$.

가중치를 곱한 삼각수의 합

– 로저 넬센(Roger B. Nelsen)

$$t_n = 1+2+3+\cdots+n,\ n \geq 1 \Rightarrow$$

$$\sum_{k=0}^{n} kt_{k+1} = t_{t_{n+1}} - 1.$$

예를 들어 $n=4$일 때,

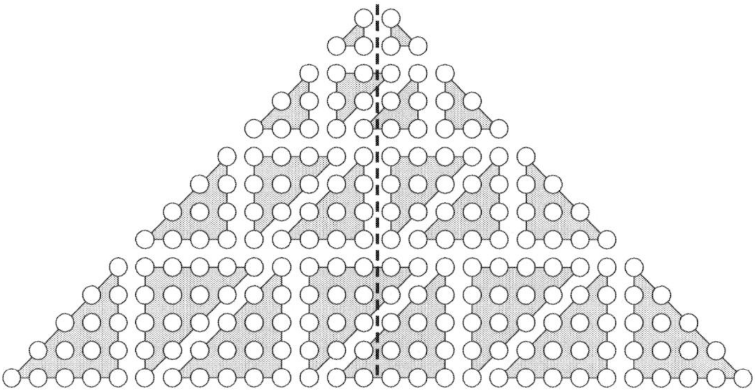

$$2[t_2 + 2t_3 + 3t_4 + 4t_5] = 2t_{14} = 2t_{t_5 - 1}$$

따름정리

$$\sum_{k=0}^{n} \binom{k+2}{3} = \binom{n+3}{4}$$

모여있는 삼각수

– 로저 넬센 (Roger B. Nelsen)

모여있는 삼각수 c_n이란, 가운데 있는 한 점을 아래 그림과 같이 n개의 삼각형으로 둘러쌌을 때의 전체 점의 개수를 말한다. 예를 들어 $c_0=1$, $c_1=4$, $c_2=10$, $c_3=19$, $c_4=31$, $c_5=46$이다.

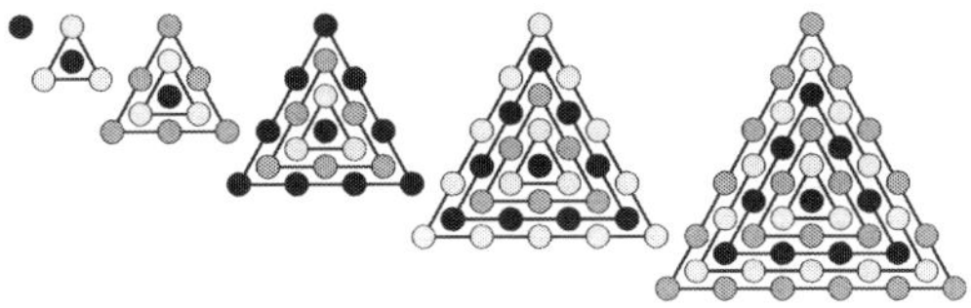

일반적인 삼각수 t_n은 $1+2+3+\cdots+n$이다.

Ⅰ. 4 이상인 모여있는 삼각수는 삼각수의 세 배보다 하나 더 크다. 즉, $n\geq1$일 때, $c_n=1+3t_n$

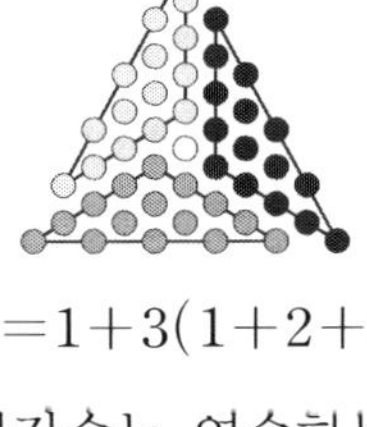

$$c_5=46=1+3\cdot15=1+3(1+2+3+4+5)=1+3_{t_5}$$

Ⅱ. 10 이상인 모여있는 삼각수는 연속하는 세 삼각수의 합이다. 즉, $n\geq2$일 때, $c_n=t_{n-1}+t_n+t_{n+1}$

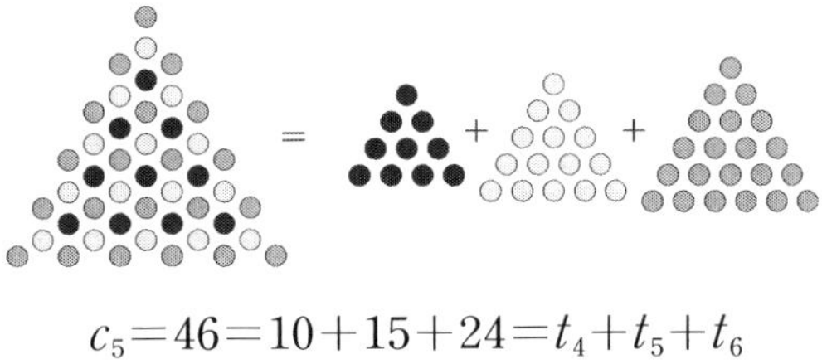

$$c_5=46=10+15+24=t_4+t_5+t_6$$

야콥스탈 수

— 에른스트 에릭 야콥스탈(Ernst Erich Jacobsthal, 1888–1965)

– 마틴 그리피스(Martin Griffiths)

한 변의 길이가 1이나 2인 정사각형 타일로 크기가 $3\times n$인 직사각형을 덮는 방법의 수를 a_n, 각 변의 길이가 $1\times1\times2$인 직육면체로 크기가 $2\times2\times n$인 직육면체를 채우는 방법의 수를 b_n, 각 변의 길이가 1×2이거나 2×2인 직사각형 타일로 크기가 $2\times n$인 직사각형을 덮는 방법의 수를 c_n이라 하면

$$a_n=b_n=c_n.$$

증명

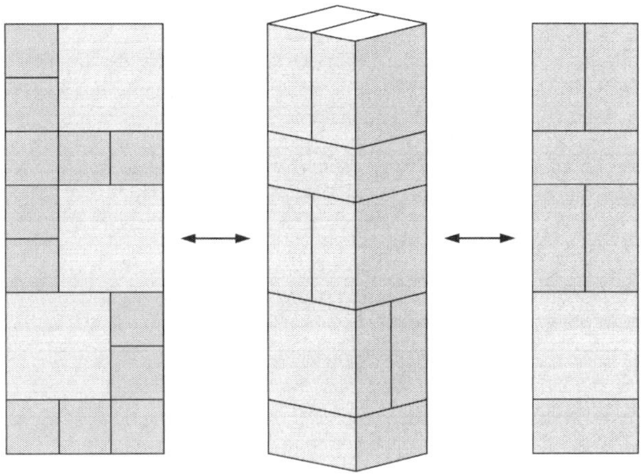

$a_n \quad = \quad b_n \quad = \quad c_n$

참고 $\{a_n\}_{n=1}^{\infty}=\{1, 3, 5, 11, 21, 43, \cdots\}$이를 야콥스탈 수라 부른다. 정수 수열 온라인 대백과 (http://oeis.org)의 수열번호 A001045이다.

무한 급수와 기타 주제들

Infinite Series & Other Topics

무한등비급수 V

– 릭 매브리(Rick Mabry)

Ⅰ. $\frac{1}{3}+\left(\frac{1}{3}\right)^2+\left(\frac{1}{3}\right)^3+\cdots=\frac{1}{2}$:

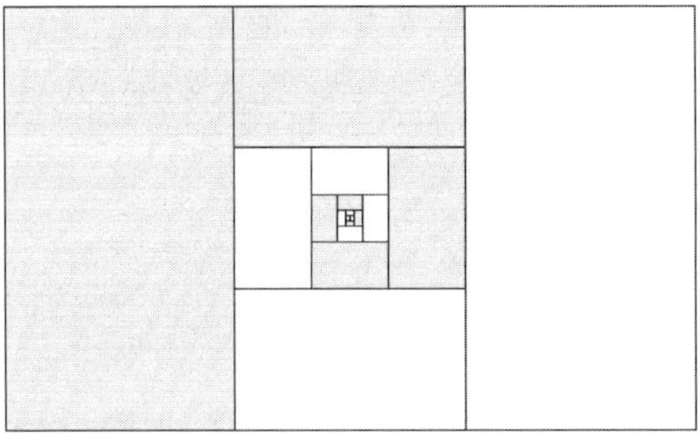

Ⅱ. $\frac{1}{5}+\left(\frac{1}{5}\right)^2+\left(\frac{1}{5}\right)^3+\cdots=\frac{1}{4}$:

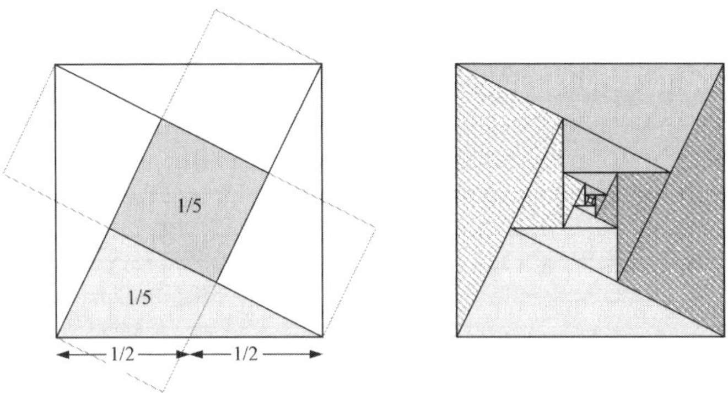

무한등비급수 VI

– 제임스 탄턴(James Tanton)

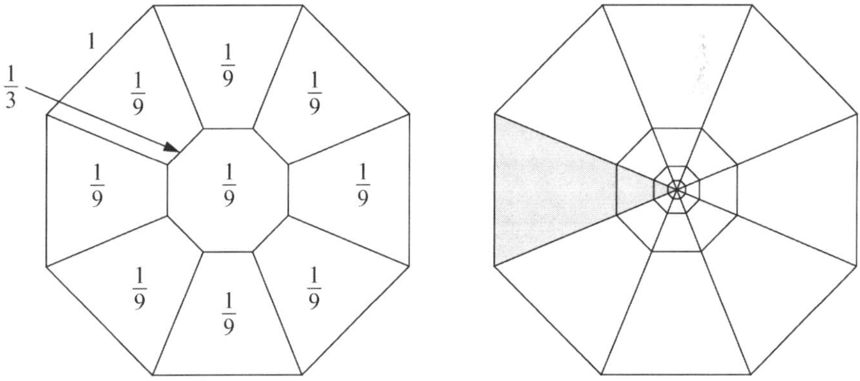

$$\frac{1}{9}+\frac{1}{9^2}+\frac{1}{9^3}+\cdots=\frac{1}{8}.$$

이를 일반화한 식 $\frac{1}{n}+\frac{1}{n^2}+\frac{1}{n^3}+\cdots=\frac{1}{n-1}$의 증명은 정 $n-1$각형이나 원 위에 같은 방법으로 그림을 그려서 보일 수 있다.

무한등비급수Ⅶ (직각삼각형을 이용)

– 로저 넬센(Roger B. Nelsen)

$$\frac{1}{2}+\left(\frac{1}{2}\right)^2+\left(\frac{1}{2}\right)^3+\cdots=1.$$

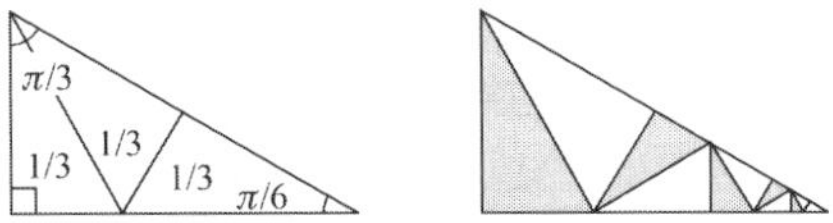

$$\frac{1}{3}+\left(\frac{1}{3}\right)^2+\left(\frac{1}{3}\right)^3+\cdots=\frac{1}{2}.$$

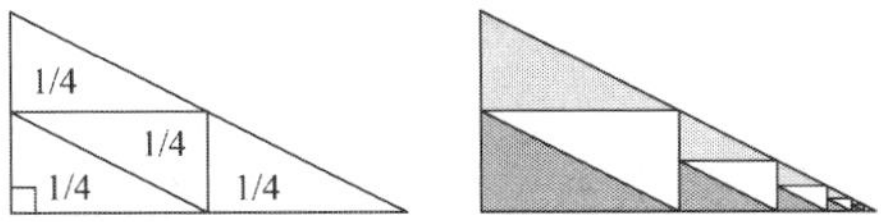

$$\frac{1}{4}+\left(\frac{1}{4}\right)^2+\left(\frac{1}{4}\right)^3+\cdots=\frac{1}{3}.$$

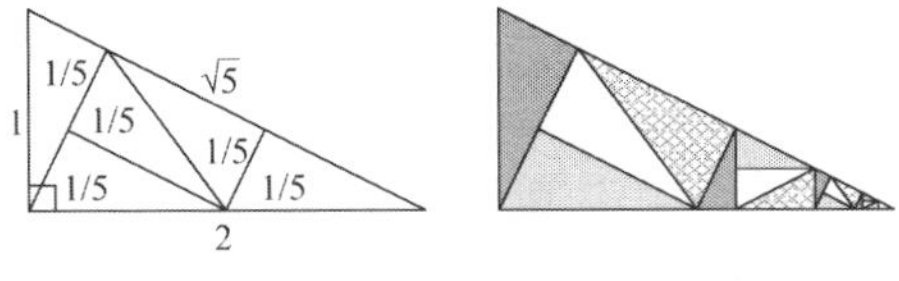

$$\frac{1}{5}+\left(\frac{1}{5}\right)^2+\left(\frac{1}{5}\right)^3+\cdots=\frac{1}{4}.$$

도전문제 $\frac{1}{6}$과 $\frac{1}{7}$의 거듭제곱들로 이뤄진 등비급수의 합을 보이는 그림도 만들 수 있을까?

무한등비급수Ⅷ

– 크레이그 존슨(Craig M. Johnson)와 카를로스 스팟(Carlos G. Spaht)
[각자 만듦]

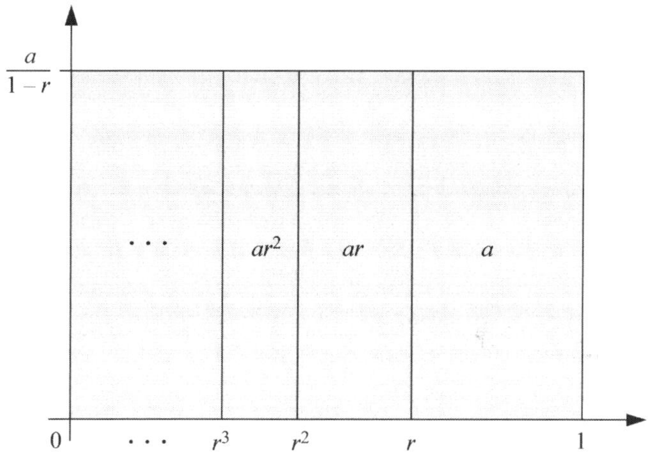

$$a>0,\ r\in(0,\ 1)\Rightarrow a+ar+ar^2+ar^3+\cdots=\frac{a}{1-r}.$$

무한등비급수Ⅸ

– 뷰포인트 2000(The Viewpoints 2000 Group)

Ⅰ. $a+ar+ar^2+\cdots=\dfrac{a}{1-r},\ 0<r<1$:

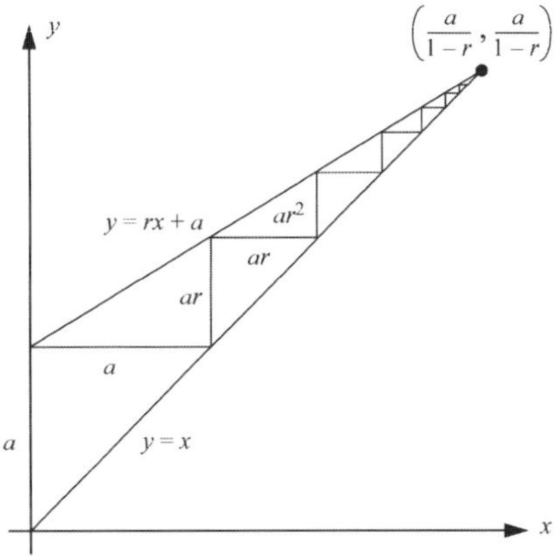

Ⅱ. $a-ar+ar^2-\cdots=\dfrac{a}{1+r},\ 0<r<1$:

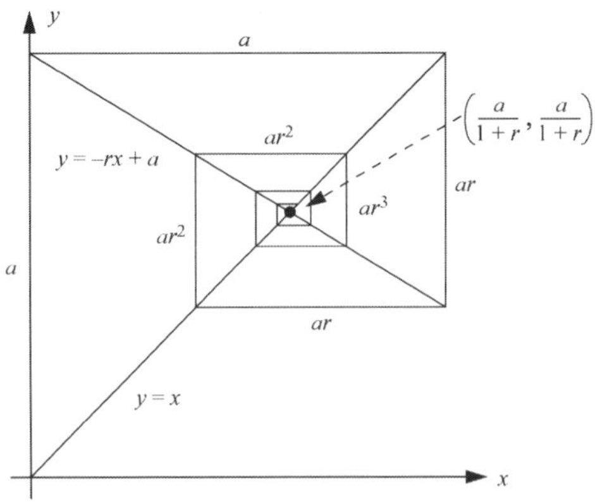

일반항을 미분한 무한등비급수 II

– 로저 넬센(Roger B. Nelsen)

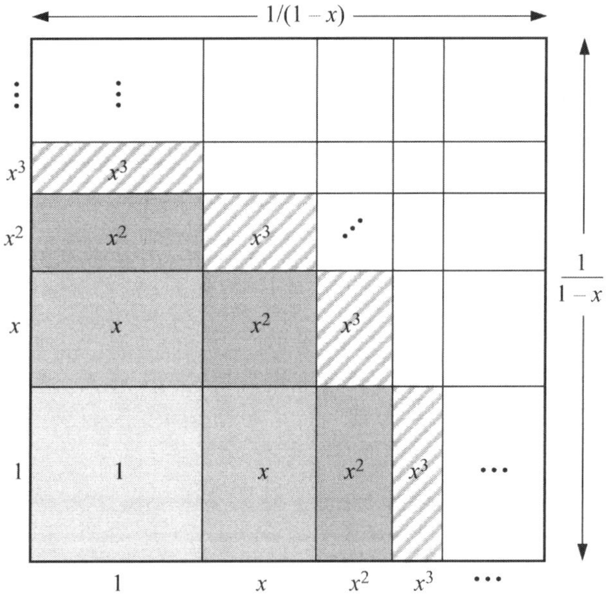

$$x \in [0,\ 1) \Rightarrow 1+2x+3x^2+4x^3+\cdots=\left(\frac{1}{1-x}\right)^2$$

등비망원급수

– 토마스 워커(Thomas Walker)

합을 명확하게 구할 수 있는 가장 기본적인 두 급수 (등비급수, 망원급수)를 결합해서 아래와 같이 재미있는 결과를 얻을 수 있다.

$$\sum_{m=2}^{\infty}(\zeta(m)-1)=1,$$

여기서 $\zeta(s)=\sum_{n=1}^{\infty}\frac{1}{n^s}$은 리만제타함수를 말한다.

이를 풀어서 나타내면,

$\zeta(2)-1$ ↓	$\zeta(3)-1$ ↓	$\zeta(4)-1$ ↓	$\cdots$	
$\frac{1}{2^2}$	$\frac{1}{2^3}$	$\frac{1}{2^4}$	$\cdots$	$=\frac{1/2^2}{1-1/2}=\frac{1}{2^2}\cdot\frac{2}{1}=\frac{1}{2\cdot1}=1-\frac{1}{2}$
$\frac{1}{3^2}$	$\frac{1}{3^3}$	$\frac{1}{3^4}$	$\cdots$	$=\frac{1/3^2}{1-1/3}=\frac{1}{3^2}\cdot\frac{3}{2}=\frac{1}{3\cdot2}=\frac{1}{2}-\frac{1}{3}$
$\frac{1}{4^2}$	$\frac{1}{4^3}$	$\frac{1}{4^4}$	$\cdots$	$=\frac{1/4^2}{1-1/4}=\frac{1}{4^2}\cdot\frac{4}{3}=\frac{1}{4\cdot3}=\frac{1}{3}-\frac{1}{4}$
$\vdots$	$\vdots$	$\vdots$	$\ddots$	$=\quad\cdots\quad=\cdots$
				$\vdots$
				1

연습문제 (a) $\sum_{m=2}^{\infty}(-1)^m(\zeta(m)-1)=\frac{1}{2}$;

(b) $\sum_{k=1}^{\infty}(\zeta(2k+1)-1)=\frac{1}{4}$

교대급수 II

- 로저 넬센(Roger B. Nelsen)

$$1-\frac{1}{2}+\frac{1}{4}-\frac{1}{8}+\frac{1}{16}-\cdots=\frac{2}{3}$$

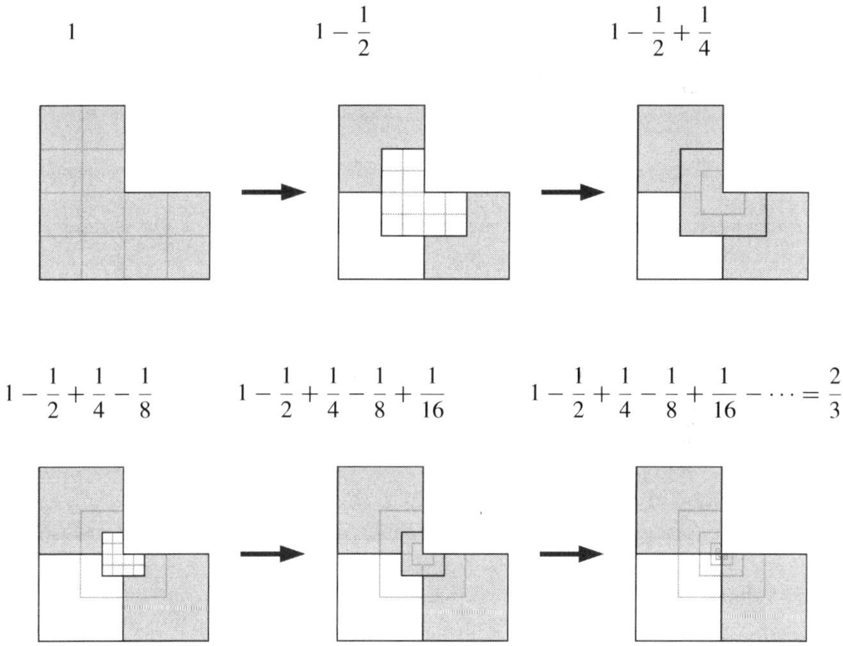

교대급수Ⅲ

– 하산 우날(Hasan Unal)

$$1-\frac{1}{3}+\frac{1}{9}-\frac{1}{27}+\frac{1}{81}-\cdots=\frac{3}{4}$$

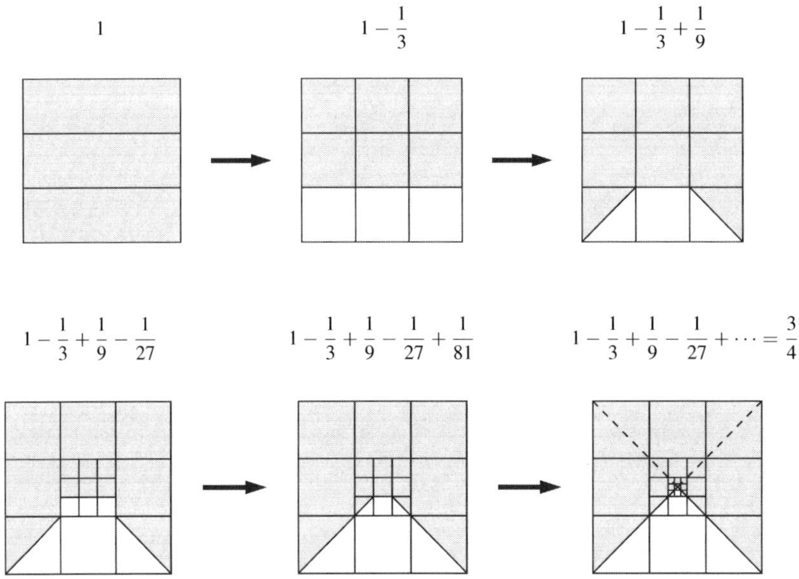

교대급수 판정법

– 리처드 햄맥(Richard Hammack)과 데이비드 리욘스(David Lyons)

정리 $a_1 \geq a_2 \geq \cdots \geq 0$이고 $a_n \rightarrow 0$이면
교대급수 $a_1 - a_2 + a_3 - a_4 + \cdots$가 S로 수렴한다. 나아가,
$s_n = a_1 - a_2 + a_3 - \cdots + (-1)^{n+1} a_n$이 n항까지의 부분합이라면,
$s_{2n} < S < S_{2n+1}$이다.

증명

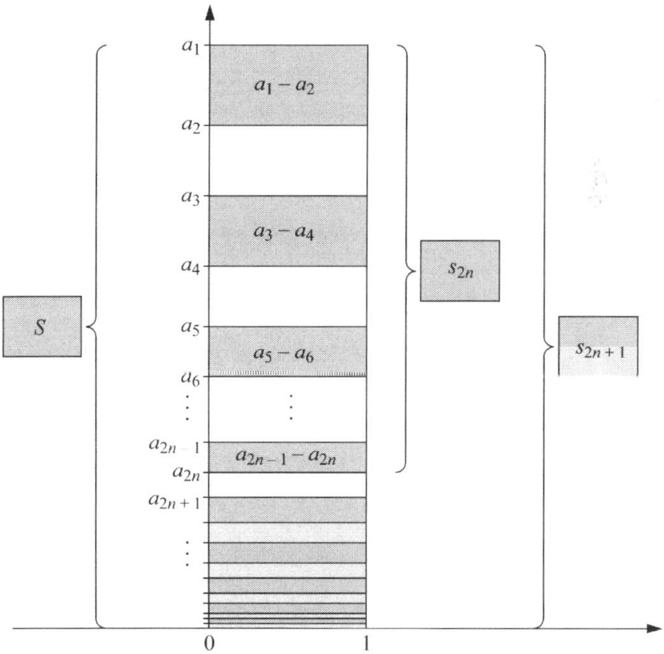

교대조화급수 Ⅱ

– 맷 허들슨(Matt Hudelson)

$$\sum_{n=0}^{\infty}(-1)^n = \frac{1}{n+1} = \ln 2$$

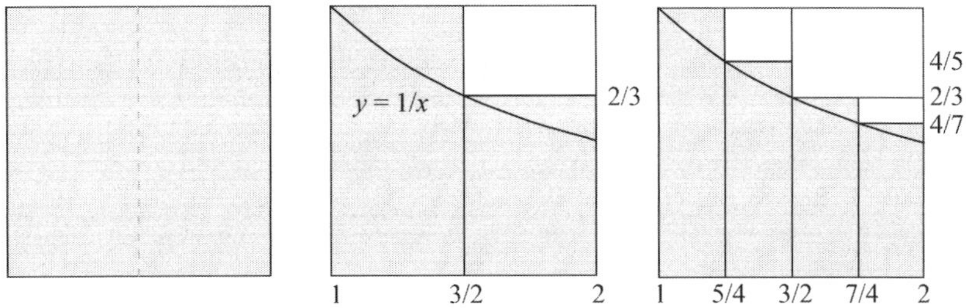

$1 \cdots$ $\qquad$ $-\frac{1}{2}+\frac{1}{3}\cdots$ $\qquad$ $-\frac{1}{4}+\frac{1}{5}-\frac{1}{6}+\frac{1}{7}\cdots$

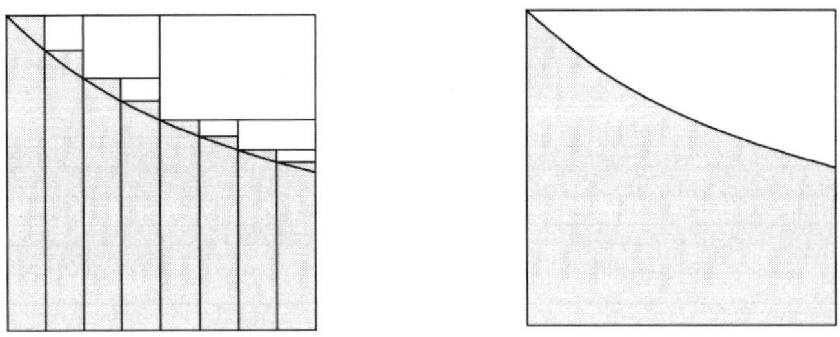

$-\frac{1}{8}+\frac{1}{9}-\frac{1}{10}+\frac{1}{11}-\frac{1}{12}+\frac{1}{13}-\frac{1}{14}+\frac{1}{15}\cdots$ $\qquad$ $=\int_1^2 \frac{1}{x}dx = \ln 2.$

갈릴레오의 비 II
– 갈릴레오 갈릴레이(Galileo Galilei, 1564–1642)

– 알피니오 플로레스(Alfinio Flores)와 휴 샌더스(Hugh Sanders)

$$\frac{1}{3}=\frac{1+3}{5+7}=\frac{1+3+5}{7+9+11}=\cdots=\frac{1+3+\cdots+(2n-1)}{(2n+1)+(2n+3)+\cdots+(4n-1)}$$

$$=\frac{n^2}{(2n)^2-n^2}=\frac{n^2}{3n^2}=\frac{13}{3}$$

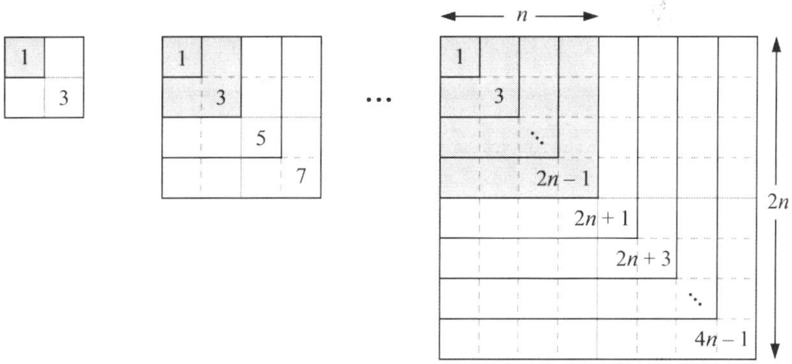

연꼴을 부채꼴로 나누기

– 마크 챔버랜드(Marc Chamberland)

넓이: $\sum_{n=1}^{\infty} \frac{2^n[1-\cos(x/2^n)]^2}{\sin(x/2^{n-1})} = \tan\left(\frac{x}{2}\right) - \frac{x}{2},\ |x| < \pi$

변의 길이: $2\sum_{n=1}^{\infty} \frac{1-\cos(x/2^n)}{\sin(x/2^{n-1})} = \tan\left(\frac{x}{2}\right),\ |x| < \pi$

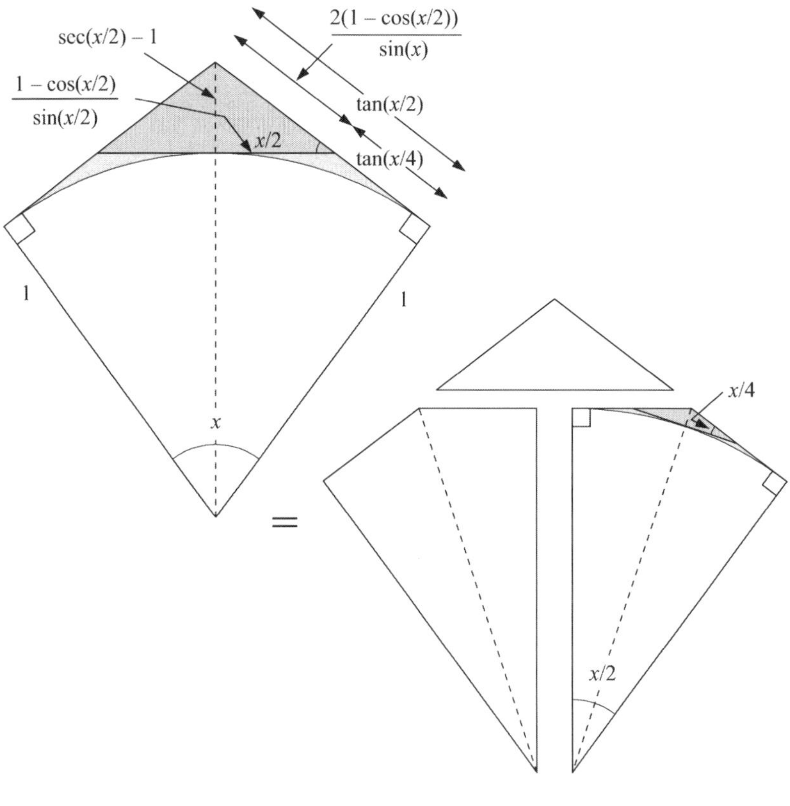

음이 아닌 정수해와 삼각수

– 매튜 헤인스(Matthew J. Haines)와 마이클 존스(Michael A. Jones)

$0 \le i,\ j,\ k \le n$인 세 정수 $i,\ j,\ k$에 대해 $x \le i,\ y \le j,\ z \le k$일 때, 방정식 $x+y+z=n$의 음이 아닌 정수해의 개수는 $t_{i+j+k-n+1}-t_{j+k-n}-t_{i+k-n}-t_{i+j-n}$이다.

여기서 $t_m = 1+2+\cdots+m$은 $m \ge 1$일 때는 n번째 삼각수이고 $m \le 0$일 때는 0이다.

아래 그림은 $(n,\ i,\ j,\ k)=(23,\ 15,\ 11,\ 17)$일 때를 예로 든 것이다.

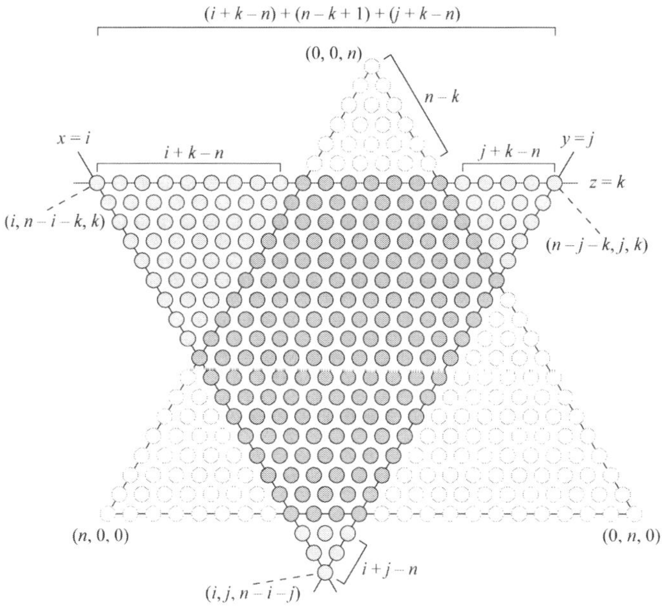

케이크 나누기

- 니콜라우스 샌포드(Nicholaus Sanford)

설탕, 크림 등으로 코팅된 직육면체 모양의 케이크를 각 사람이 같은 양의 코팅과 케이크를 받도록 n조각으로 나누기

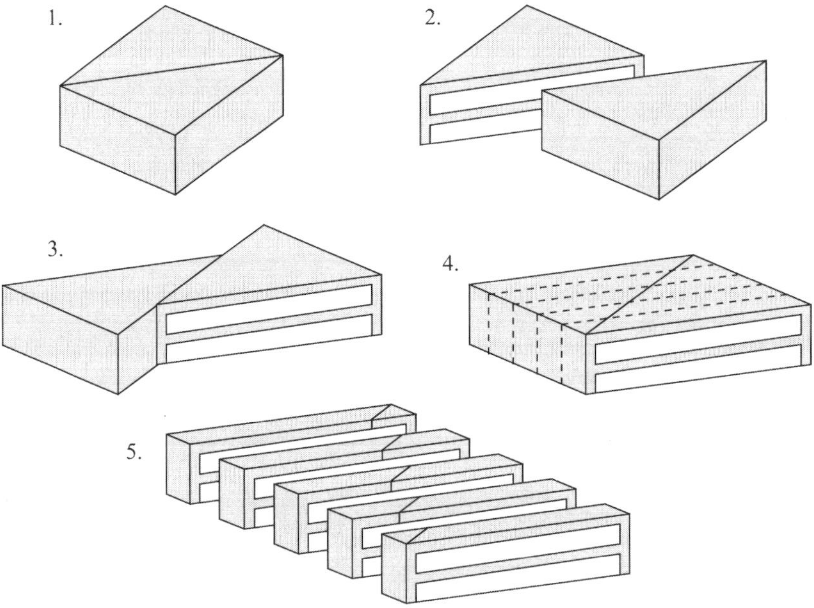

중복조합

– 드렉 크리스티(Derek Christie)

정리. 서로 다른 n종류 중에서 r가지를 고르는 경우의 수는 $\binom{n-1+r}{r}$인데, 이는 아래 그림에서 왼쪽 위에서 오른쪽 아래에 닿는 $n-1+r$개의 선분으로 이루어진 서로 다른 길의 개수와 같다.

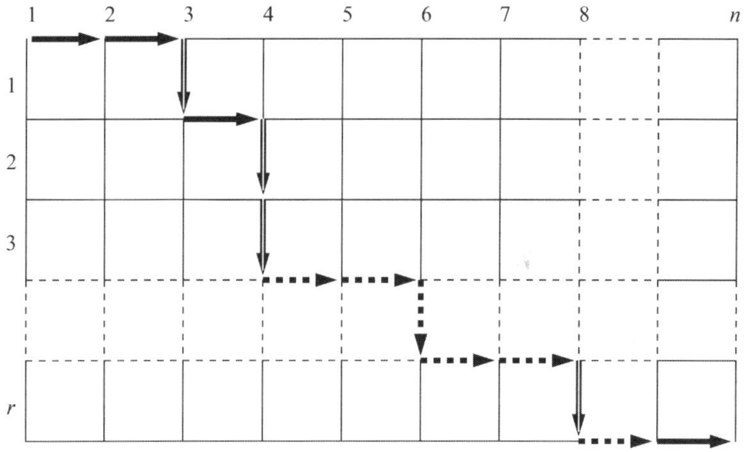

3, 4, 4, ... , 6, ... ,8을 선택한 경우

퍼트넘 문제

– 제65회 윌리엄 로웰 퍼트넘 수학 경시대회(2004) 문제 A1

– 로버트 다우슨(Robert J. MacG. Dawson)

농구스타 샤닐 오킬이 소속된 팀의 통계 분석가는 샤닐이 지금까지 N 번의 자유투에서 성공시킨 횟수 S(N)을 기록하고 있다. 시즌 초반부에는 S(N)이 N의 80% 이하였지만 시즌을 마쳤을 때의 S(N)은 N의 80%가 넘었다. 그렇다면, S(N)이 정확하게 N의 80%가 되는 시점이 있었을까?

정답 그렇다

증명

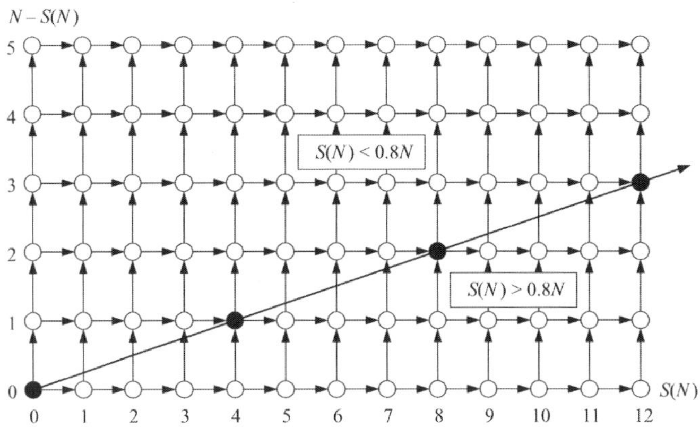

연습문제

(a) 샤닐이 시즌 초반부에 $S(N) \geq 0.8N$이었다가 시즌을 마칠 때 $S(N) < 0.8N$이었다고 가정하고 같은 질문에 대답해 보라

(b) 80% 대신에 어떤 다른 숫자를 쓰면 같은 답이 나오겠는가?

피타고라스 삼중수

– 호세. A. 고메즈(José A. Gomez)

정리 피타고라스 삼중수와 $n^2=2pq$꼴인 완전제곱수의 소인수분해 사이에 일대일 대응이 성립한다.

예를 들어 $6^2=2\cdot 2\cdot 9$일 때는 포함-배제 원리를 이용하여 아래와 같이 보일 수 있다.

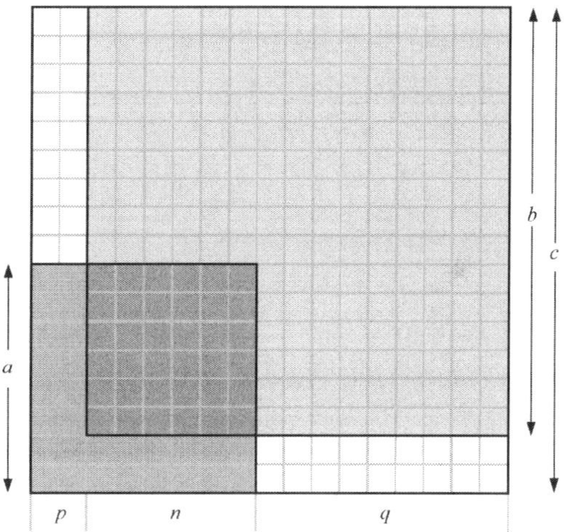

$$c^2=a^2+b^2-n^2+2pq,$$
$$\therefore\ c^2=a^2+b^2 \Longleftrightarrow n^2=2pq.$$

피타고라스 사중수

– 로저 넬센(Roger B. Nelsen)

피타고라스 사중수란 $a^2+b^2+c^2=d^2$을 만족하는 양의 정수 (a, b, c, d)를 말한다. 피타고라스 사중수를 무한히 만들 수 있는 한 식으로 $(m^2+p^2-n^2)^2+(2mn)^2+(2pn)^2=(m^2+p^2+n^2)^2$이 있다.

증명

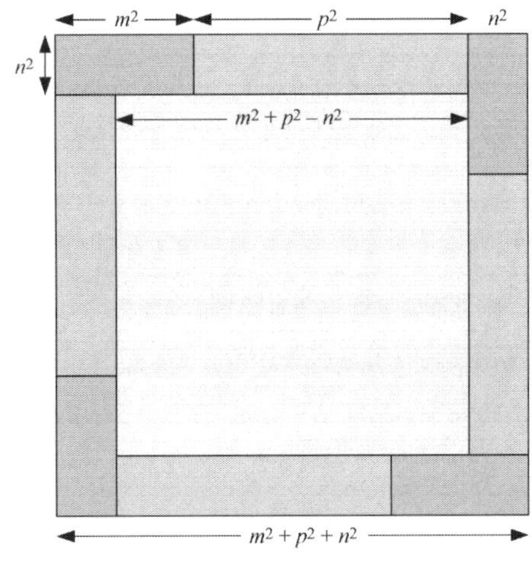

참고 위의 식으로 피타고라스 사중수를 무한히 만들 수 있지만, 모든 피타고라스 사중수를 포함하는 것은 아니다. 예를 들어 (2, 3, 6, 7)은 위 식으로 만들 수 없다. 모든 피타고라스 사중수를 나타내는 한 식으로는 $(m^2+n^2-p^2-q^2)^2+(2mq+2np)^2+(2nq-2mp)^2=(m^2+n^2+p^2+q^2)^2$이 있다.

$\sqrt{2}$는 무리수

– 톰 아포스톨(Tom M. Apostol)

피타고라스 정리에 따라 빗변이 아닌 한 변의 길이가 1인 직각이등변 삼각형의 빗변의 길이는 $\sqrt{2}$이다. $\sqrt{2}$가 유리수라면 각 변에 적당한 양의 정수를 곱해 세 변의 길이가 모두 정수가 되도록 만들 수 있으므로, 세 변의 길이가 정수인 제일 작은 직각 이등변 삼각형이 존재한다.

그러나,

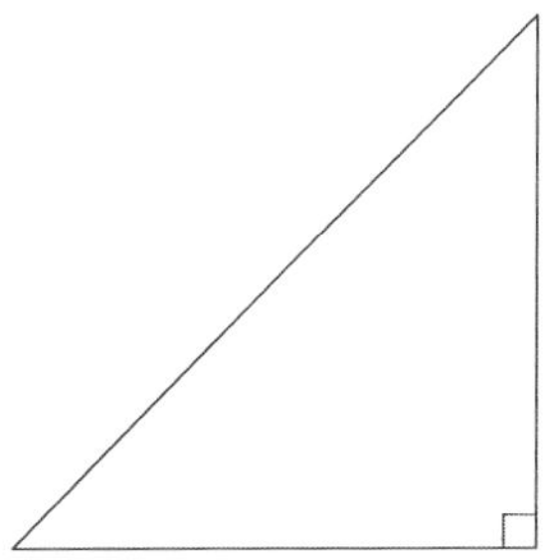

만약 이 직각이등변삼각형의 세 변의 길이가 정수라면

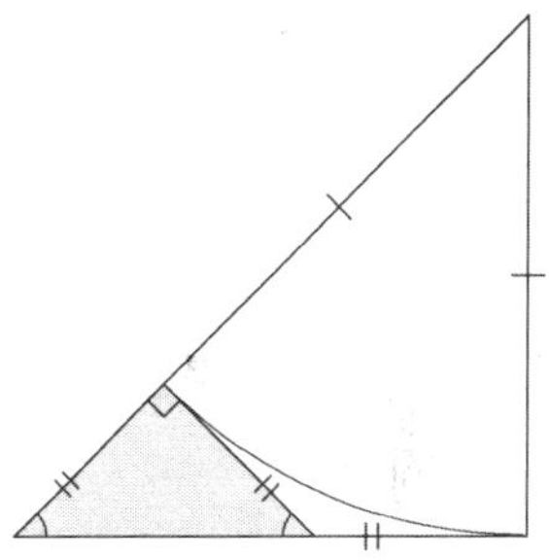

같은 성질을 가지는 더 작은 직각이등변삼각형이 존재한다.

따라서 $\sqrt{2}$는 유리수가 될 수 없다.

Z×Z은 셀 수 있는 집합이다

– 데스 맥헤일(Des MacHale)

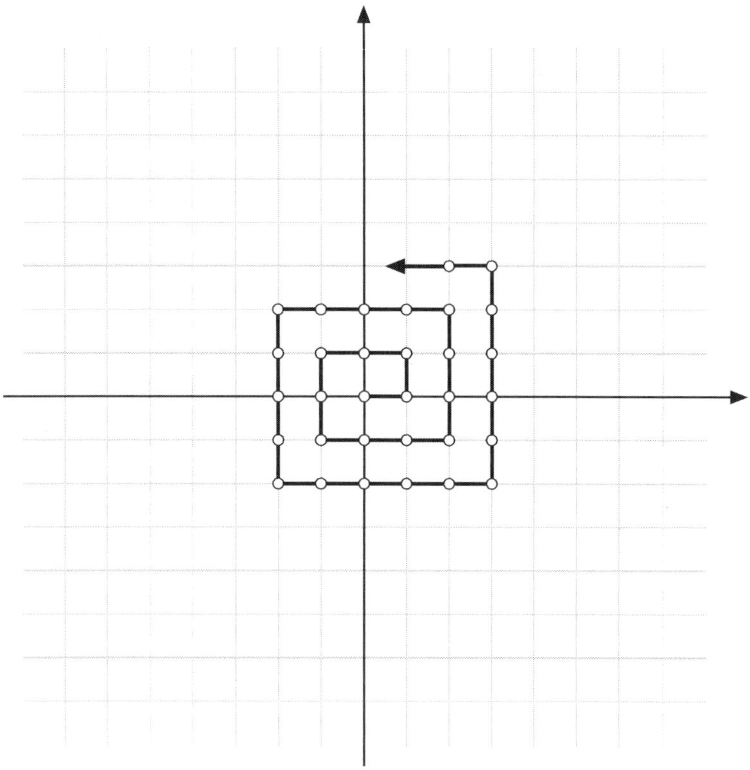

n개의 자연수의 합을 그래프로 나타내기

– 조 드마이오(Joe DeMaio)와 조이 타이슨(Joey Tyson)

$$\sum_{i=1}^{n} i = \binom{n+1}{2}$$

예를 들어 $n=5$일 때,

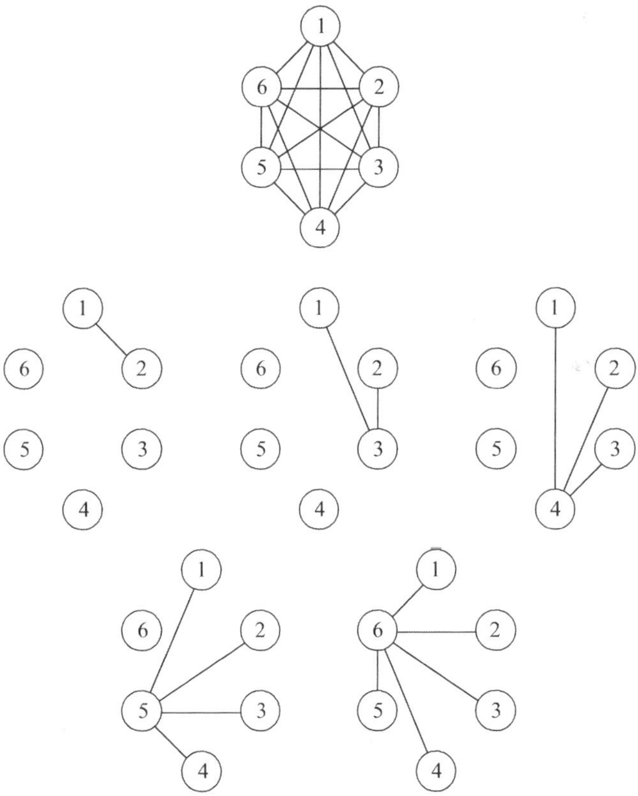

이항계수를 나눠 쓴 식을 그래프로 나타내기

– 조 드마이오(Joe DeMaio)

$$\binom{n+m}{2}=\binom{n}{2}+\binom{m}{2}+nm$$

예를 들어 $n=5$, $m=3$일 때,

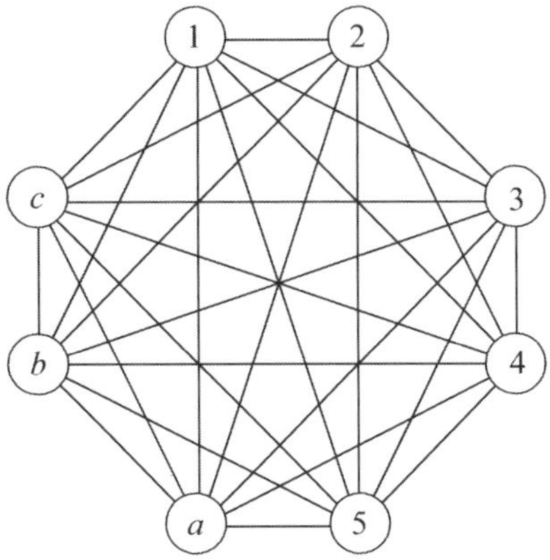

K_8

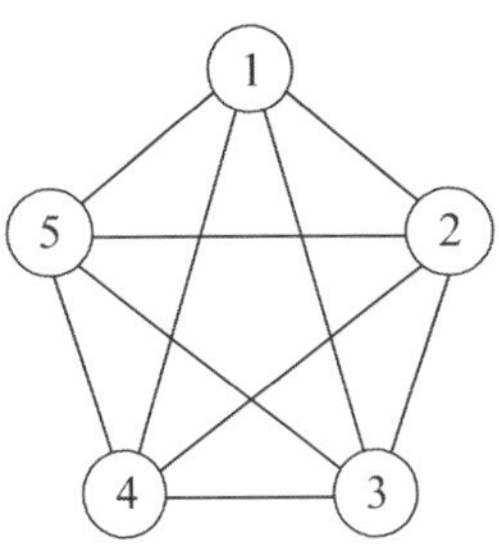

K_5

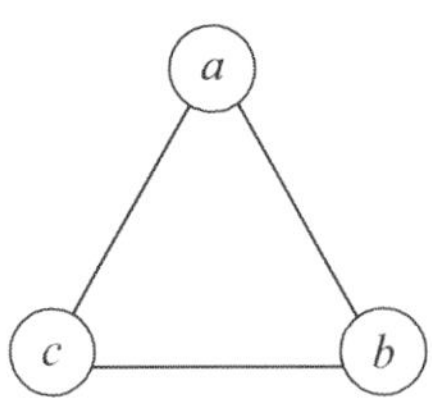

K_3

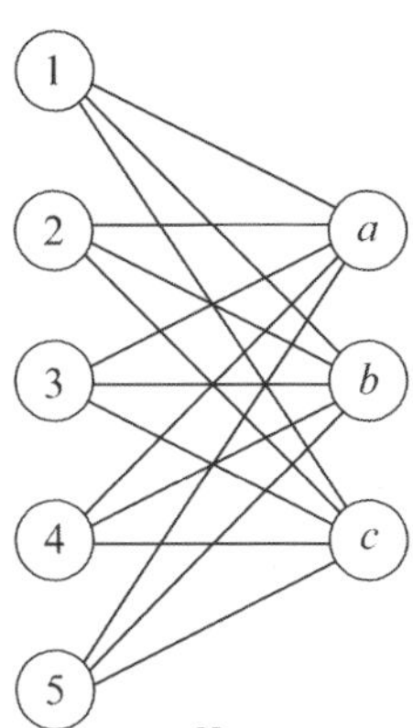

$K_{5,3}$

$(0,1)$과 $[0,1]$의 기수는 같다

– 케빈 휴즈(Kevin Hughes)와 토드 펠레티어(Todd K. Pelletier)

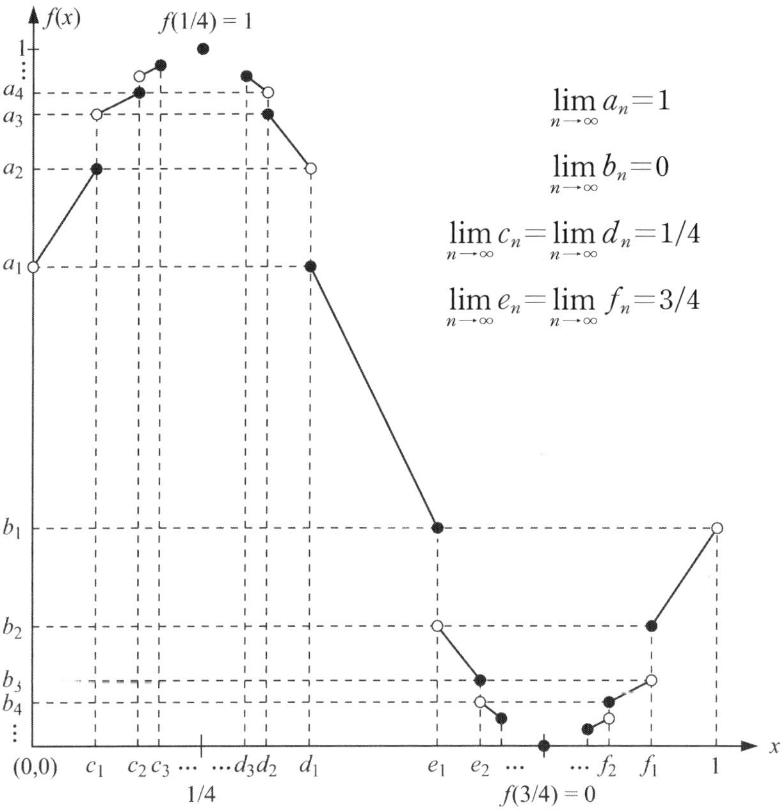

$$\lim_{n\to\infty} a_n = 1$$

$$\lim_{n\to\infty} b_n = 0$$

$$\lim_{n\to\infty} c_n = \lim_{n\to\infty} d_n = 1/4$$

$$\lim_{n\to\infty} e_n = \lim_{n\to\infty} f_n = 3/4$$

부동점 정리

– 존 리틀우드(John Edensor Littlewood)

그림으로 논증하는 좋은 예로 일차원에서의 "부동점 정리"의 증명을 들 수 있다: $0 \le x \le 1$에서 연속이며 $0 \le f(x) \le 1$을 만족하며 증가하는 함수 $f(x)$가 있다 하자. 그리고, $f_2(x) = f(f(x))$, $f_n(x) = f(f_{n-1}(x))$이라 하자. 그러면 모든 점은 부동점이거나 부동점으로 수렴한다. 수학자들에게조차 필요한 증명은 '그림'일 뿐이다. [수학자들의 잡문집(1953)]

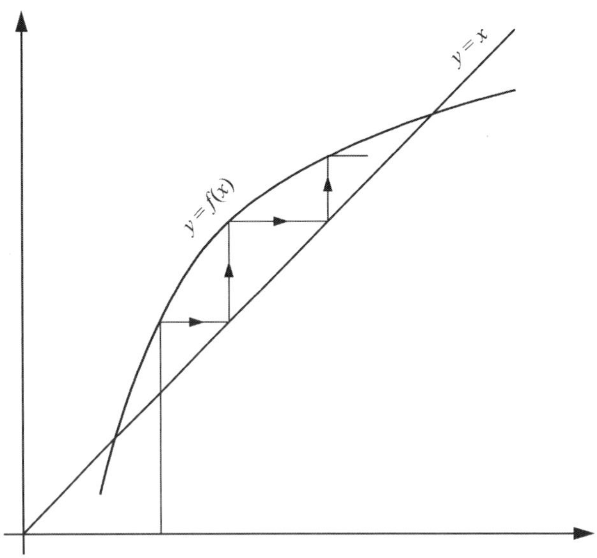

공간에서는 4색으로 충분하지 않다

– 클라우디 알시나(Claudi Alsina)와 로저 넬센(Roger B. Nelsen)

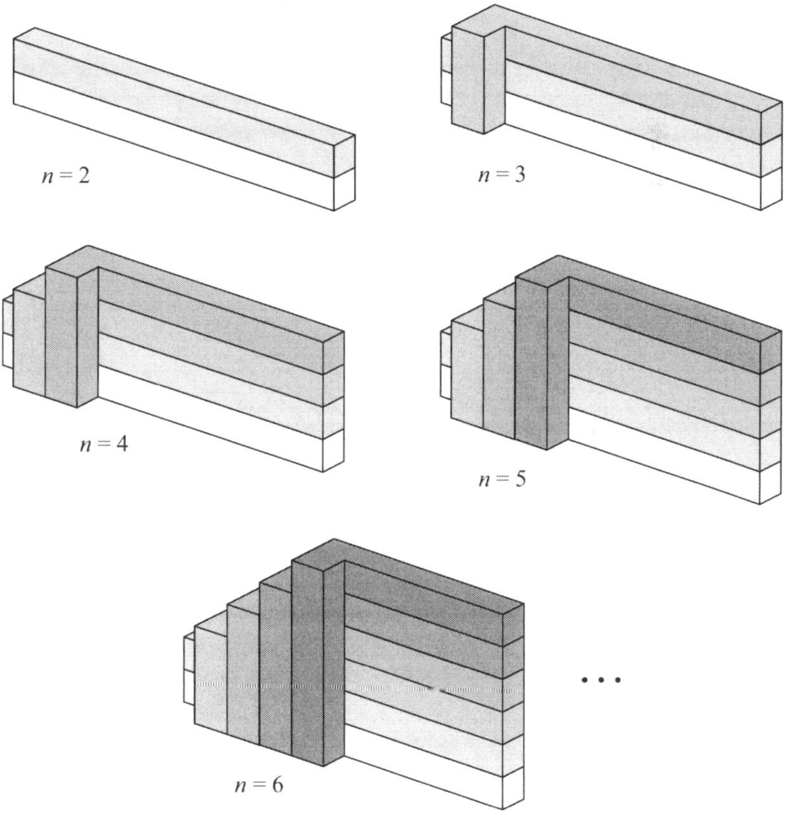

참고문헌

기하와 대수 (Geometry & Algebra)

11 Mathematics Magazine, vol. 74, no. 2 (April 2001), p. 153.

13 College Mathematics Journal, vol. 46, no. 1 (Jan. 2015), p. 51.

14 College Mathematics Journal, vol. 43, no. 3 (May 2012), p. 226.

15 Great Moments in Mathematics (Before 1650). MAA, 1980, pp. 37-38.

16 Mathematics Magazine, vol. 82, no. 5 (Dec. 2009), p. 370.

17 The Changing Shape of Geometry, MAA, 2003, pp. 228-231.

18 College Mathematics Journal, vol. 34, no. 2 (March 2003), p. 172.

19 College Mathematics Journal, vol. 35, no. 3 (May 2004), p. 215.

20 College Mathematics Journal, vol. 41, no. 5 (Nov. 2010), p. 370.

21 College Mathematics Journal, vol. 41, no. 5 (Nov. 2010), p. 370.

22 College Mathematics Journal, vol. 45, no. 3 (May 2014), p. 198.

23 College Mathematics Journal, vol. 45, no. 3 (May 2014), p. 216.

24 College Mathematics Journal, vol. 32, no. 4 (Sept. 2001), pp. 290-292.

25 Mathematics Magazine, vol. 75, no. 2 (April 2002), p. 138.

26 Mathematics Magazine, vol. 80, no. 3 (June 2007),p. 195.

27 Mathematics Magazine, vol. 81, no. 5 (Dec. 2008),p. 366.

28 Mathematics Magazine, vol. 74, no. 4 (Oct. 2001),p. 313.

29 Mathematics Magazine, vol. 78, no. 3 (June 2005),p. 213.

30 Great Moments in Mathematics (Before 1650). MAA, 1980, pp. 99-100.

31 College Mathematics Journal, vol. 43, no. 5 (Nov. 2012), p. 386.

32 Mathematics Magazine, vol. 76, no. 5 (Dec. 2003), p. 348.

33 College Mathematics Journal, vol. 44, no. 4 (Sept. 2013), p. 322.

34 Teaching Mathematics and Computer Science, 1/1 (2003), pp. 155-156.

35 Mathematics Magazine, vol. 86, no. 2 (April 2013), p. 146.

36 http://mathpuzzle .com/Equtripr. htm

37 Mathematics Magazine, vol. 79, no. 2 (April 2006), p. 121.

38 Mathematics Magazine, vol. 75, no. 3 (June 2002), p. 214.

39 Charming Proofs, MAA, 2010, p. 80.

40 Mathematics Magazine, vol. 82, no. 3 (June 2009), p. 208.

41 http://www.uxl.eiu.edu/~cfdmb/ismaa/ismaa01sol.pdf

42 http://www.maa.org/publications/periodicals/loci/trisecting-a-line-segment-with-world-record-efficiency
44 Mathematics Magazine, vol. 77, no. 2 (April 2004), p. 135.
46 Mathematics Magazine, vol. 82, no. 5 (Dec. 2009), p. 359.
47 Journal of Recreational Mathematics, vol. 8 (1976), p. 46.
48 Mathematics Magazine, vol. 75, no. 2 (April 2002), p. 144.
49 Mathematics Magazine, vol. 75, no. 2 (April 2002), p. 130.
50 Mathematics Magazine, vol. 80, no. 1 (Feb. 2007), p. 45.
51 College Mathematics Journal, vol. 48, no. 1 (Jan. 2015), p. 10.
52 Icons of Mathematics, MAA, 2011, pp. 139-140.
53 Mathematics Magazine, vol. 75, no. 4 (Oct. 2002), p. 316.
54 http://pomp.tistory.com/887
55 Mathematical Gazette, vol. 85, no. 504 (Nov. 2001), p. 479.
56 College Mathematics Journal, vol. 45, no. 2 (March 2014), p. 115.
57 College Mathematics Journal, vol. 45, no. 1 (Jan. 2014), p. 21.
58 Mathematics Magazine, vol. 78, no. 2 (April 2005), p. 131.

삼각함수, 미적분, 해석기하 (Trigonometry, Calculus & Analytic Geometry)

61 College Mathematics Journal, vol. 33, no. 5 (Nov. 2002), p. 383.
62 Mathematics Magazine, vol. 75, no. 5 (Dec. 2002), p. 398.
63 Ⅰ. College Mathematics Journal, vol. 45, no. 3 (May 2014), p. 190.
Ⅱ. College Mathematics Journal, vol. 45, no. 5 (Nov. 2014), p. 370.
64 College Mathematics Journal, vol. 41, no. 5 (Nov. 2010), p. 392.
65 College Mathematics Journal, vol. 33, no. 4 (Sept. 2002), p. 345.
66 Mathematics Magazine, vol. 74, no. 2 (April 2001), p. 135.
67 Mathematics Magazine, vol. 85, no. 1 (Feb. 2012), p. 43.
68 College Mathematics Journal, vol. 35, no. 4 (Sept. 2004), p. 282.
69 College Mathematics Journal, vol. 33, no. 4 (Sept. 2002), pp. 318-319.
70 College Mathematics Journal, vol. 34, no. 4 (Sept. 2003), p. 279.
71 College Mathematics Journal, vol. 45, no. 5 (Nov. 2014), p. 376.
72 Mathematics Magazine, vol. 74, no. 2 (April 2001), p. 161.
74 American Mathematical Monthly, vol. 27, no. 2 (Feb. 1920), pp. 53-54.
75 College Mathematics Journal, vol. 33, no. 2 (March 2002), p. 130.
76 Mathematics Magazine, vol. 88, no. 2 (April 2015), p. 151.
78 College Mathematics Journal, vol. 32, no. 4 (April 2001), p. 291.

79 Mathematics Magazine, vol. 75, no. 1 (Feb. 2002), p. 40.

80 College Mathematics Journal, vol. 34, no. 3 (May 2003), p. 193.

81 Ⅰ. College Mathematics Journal, vol. 33, no. 1 (Jan. 2002), p. 13.
Ⅱ. College Mathematics Journal, vol. 34, no. 1 (Jan. 2003), p. 10.

82 College Mathematics Journal, vol. 34, no. 2 (March 2003), pp. 115, 138.

83 Mathematics Magazine, vol. 86, no. 5 (Dec. 2013), p. 350.

84 College Mathematics Journal, vol. 32, no. 1 (Jan. 2001), p. 69.

85 Mathematics Magazine, vol. 77, no. 3 (June 2004), p. 189.

86 Mathematics Magazine, vol. 77, no. 4 (Oct. 2004), p. 259.

88 American Mathematical Monthly, vol. 96, no. 3 (March 1989), p. 252.

89 College Mathematics Journal, vol. 32, no. 1 (Jan. 2001), p. 14.

90 Mathematics Magazine, vol. 77, no. 5 (Dec. 2004), p. 393.

91 Mathematics Magazine, vol. 74, no. 1 (Feb. 2001), p. 59.

92 Icons of Mathematics, MAA, 2011, pp. 251, 305.

93 Mathematics Magazine, vol. 74, no. 5 (Dec. 2001), p. 393.

94 Mathematics Magazine, vol. 74, no. 1 (Feb. 2001), p. 55.

95 College Mathematics Journal, vol. 32, no. 5 (Nov. 2001), p. 368.

96 Mathematical Gazette, vol. 80, no. 489 (Nov. 1996), p. 583.

97 College Mathematics Journal, vol. 36, no. 2 (March 2005), p. 122.

98 College Mathematics Journal, vol. 33, no. 4 (Sept. 2002), p. 278.

부등식 (Inequalities)

100 Ⅰ. An Introduction to Inequalities, MAA, 1975, p. 50.
Ⅱ. College Mathematics Journal, vol. 31, no. 2 (March 2000), p. 106.

101 College Mathematics Journal, vol. 46, no. 1 (Jan. 2015), p. 42.

102 College Mathematics Journal, vol. 32, no. 2 (March 2001), pp. 118.

103 Mathematics Magazine, vol. 77, no. 1 (Feb. 2004), p. 30.

104 Math Horizons, Nov. 2003, p. 8.

105 Mathematics Magazine, vol. 81, no. 1 (Feb. 2008), p. 69.

106 Mathematics Magazine, vol. 88, no. 2 (April 2015), pp. 144–145.

108 Mathematics Magazine, vol. 87, no. 4 (Oct. 2011), p. 291.

109 College Mathematics Journal, vol. 44, no. 1 (Jan. 2013), p. 16.

110 Mathematics Magazine, vol. 80, no. 5 (Dec. 2007), p. 344.

111 College Mathematics Journal, vol. 43, no. 5 (Nov. 2012), pp. 376.

112 Mathematics Magazine, vol. 83, no. 2 (April 2010), p. 110.

113 Mathematics Magazine, vol. 84, no. 3 (June 2011), p. 228.
114 Mathematics Magazine, vol. 79, no. 1 (Feb. 2008), p. 53.
115 Mathematics Magazine, vol. 82, no. 2 (April 2009), p. 102.
116 Mathematics Magazine, vol. 74, no. 5 (Dec. 2001), p. 399.
117 College Mathematics Journal, vol. 39, no. 4 (Sept. 2008), p. 290.

정수와 정수의 합 (Integers & Integer Sums)

121 Math Made Visual, MAA, 2006, p. 4.
122 Tangente nº 115(Mars–Avril 2007), p. 10.
123 Mathematics Magazine, vol. 78, no. 5 (Dec. 2005), p. 385.
124 Mathematical Intelligencer, vol. 22, no. 3 (Summer 2000), p. 47–49.
125 College Mathematics Journal, vol. 31, no. 5 (Nov. 2000), p. 392.
126 College Mathematics Journal, vol. 45, no. 1 (Jan. 2014), p. 16.
127 Mathematics Magazine, vol. 80, no. 1 (Feb. 2007), pp. 74–75.
128 Mathematics Magazine, vol. 74, no. 4 (Oct. 2001), pp. 314–315.
129 College Mathematics Journal, vol. 45, no. 5 (Nov. 2014), p. 349.
130 College Mathematics Journal, vol. 44, no. 4 (Sept. 2013), p. 283.
131 Mathematical Intelligencer, vol. 24, no. 4 (Fall 2002), pp. 67–69.
132 College Mathematics Journal, vol. 33, no. 2 (March 2002), p. 171.
133 Mathematics Magazine, vol. 76, no. 2 (April 2003), p. 136.
134 Mathematics Magazine, vol. 85, no. 5 (Dec. 2012), p. 360.
135 College Mathematics Journal, vol. 45, no. 2 (March 2014), p. 135.
136 Charming Proofs, MAA, 2010, pp. 18, 240.
137 Mathematics Magazine, vol. 81, no. 4 (Oct. 2008), p. 302.
138 Mathematics Magazine, vol. 84, no. 4 (Oct. 2011), p. 295.
139 Mathematics Magazine, vol. 86, no. 1 (Feb. 2013), p. 55.
140 Ⅰ. Math Made Visual, MAA, 2006, pp. 18, 147.
Ⅱ. Charming Proofs, MAA, 2010, p. 14.
141 Mathematics Magazine, vol. 77, no. 3 (June 2004), p. 200.
142 College Mathematics Journal, vol. 40, no. 2 (March 2009), p. 86.
143 Mathematics and Computer Education, vol. 31, no. 2 (Spring 1997), p. 190.
144 Mathematics Magazine, vol. 77, no. 5 (Dec. 2004), p. 373.
145 Mathematics Magazine, vol. 79, no. 1(Feb. 2006), p. 44.
146 Mathematics Magazine, vol. 78, no. 3 (June 2005), p. 231.
147 Mathematics Magazine, vol. 80, no. 1 (Feb. 2007), p. 76.

148 Mathematics Magazine, vol. 85, no. 5 (Dec. 2012), p. 373.

149 College Mathematics Journal, vol. 46, no. 2 (March 2015), p. 98.

150 College Mathematics Journal, vol. 44, no. 3 (May 2013), p. 189.

151 College Mathematics Journal, vol. 16, no. 5 (Nov. 1985), p. 375.

152 Mathematics Magazine, vol. 79, no. 1 (Feb. 2006), p. 65.

153 College Mathematics Journal, vol. 34, no. 4 (Sept. 2003), p. 295.

154 Mathematics Magazine, vol. 77, no. 5 (Dec. 2004), p. 395.

155 Mathematics Magazine, vol. 78, no. 5 (Dec. 2005), p. 395.

156 Mathematics Magazine, vol. 79, no. 4 (Oct. 2006), p. 317.

158 College Mathematics Journal, vol. 41, no. 2 (March 2010), p. 100.

무한 급수 & 기타 주제들 (Infinite Series & Other Topics)

160 Ⅰ. College Mathematics Journal, vol. 32, no. 1 (Jan. 2001), p. 19.
Ⅱ. http://lsusmath.rickmabry.org/rmabry/fivesquares/fsq2.gif

161 College Mathematics Journal, vol. 39, no. 2 (March 2008), p. 106.

162 Mathematics Magazine, vol. 79, no. 1 (Feb. 2006), p. 60.

163 College Mathematics Journal, vol. 32, no. 2 (March 2001), p. 109.

164 Mathematics Magazine, vol. 74, no. 4 (Oct. 2001), p. 320.

165 College Mathematics Journal, vol. 32, no. 4 (Sept. 2001), p. 257.

166 American Mathematical Monthly, vol. 109, no. 6 (June-July 2002), p. 524.

167 College Mathematics Journal, vol. 43, no. 5 (Nov. 2012), p. 370.

168 College Mathematics Journal, vol. 40, no. 1 (Jan. 2009), p. 39.

169 College Mathematics Journal, vol. 36, no. 1 (Jan. 2005), p. 72.

170 Mathematics Magazine, vol. 83, no. 4 (Oct. 2010), p. 294.

171 College Mathematics Journal, vol. 36, no. 3 (May 2005), p. 198.

172 Mathematics Magazine, vol. 73, no. 5 (Dec. 2000), p.363.

173 Mathematics Magazine, vol. 75, no. 5 (Dec. 2002), p.388.

174 Mathematics Magazine, vol. 75, no. 4 (Oct. 2002), p.283.

175 Mathematics Magazine, vol. 79, no. 5 (Dec. 2006), p.359.

176 Mathematics Magazine, vol. 79, no. 2 (April 2006), p. 149.

177 Mathematics Magazine, vol. 78, no. 1 (Feb. 2005), p. 14.

178 College Mathematics Journal, vol. 45, no. 3 (May 2014), p. 179.

179 American Mathematical Monthly, vol. 107, no. 9 (Nov. 2000), p. 841.

180 Mathematics Magazine, vol. 77, no. 1(Feb. 2004), p. 55.

181 College Mathematics Journal, vol. 38, no. 4 (Sept. 2007), p. 296.

182 Mathematics Magazine, vol. 80, no. 3(June 2007), p. 182.

183 Mathematics Magazine, vol. 78, no. 3(June 2005), p. 226.

184 Littlewood's Miscellany, Cambridge U. Pr., 1986, p. 55.

185 A Mathematical Space Odyssey, MAA, 2015, pp. 127–128.

참고: 이 책의 몇몇 그림(12, 43, 71, 87, 107쪽)은 이 책이 편집되기 전에 출판되지 않았기에 목록에 없다.

인명색인